JN239445

基本を学ぶ

コンピュータ概論

安井浩之・木村誠聡・辻 裕之――●共著

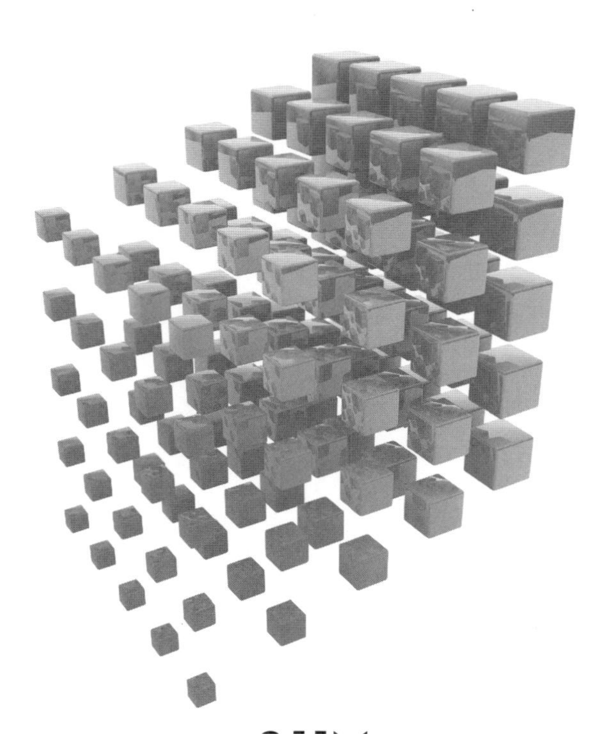

発刊にあたって

「よくわかる」を枕詞（まくらことば）とした電気・電子工学課程セメスタ学習シリーズは，発刊以来十数年を経過し，この間，電気・電子工学の発展は著しく，時代の変化に影響されにくい基礎 13 科目に限定して編集されたシリーズではありましたが，内容の一部は時代遅れとなりつつあります．また，科目数を 13 に限定したが故に学習できる範囲が限られ，レベルの異なる他書を探してカバーされない分野の学習を続けなければならないという不便さが指摘されてきました．

そこで，今般発行する「基本を学ぶ」シリーズの編集委員会では，大学，高等専門学校の電気・電子工学課程における基礎科目をほとんど網羅することを基本方針として，書目を選択することとしました．全国の主だった大学のカリキュラムを参考にして，電気・電子工学課程の初学年で各大学共通して取り上げられている教科内容を調査した結果，教育機関によって科目名に多少の差異は見られますが，電気・電子工学を学ぶうえで必要な基礎科目として，「基本を学ぶ」シリーズの書目を決定しました．

本シリーズは，1 年を 2 期に分けて教育をする，いわゆるセメスタ制の 1 期（2 単位）で学習を修了できるように，また，総ページ数も 200 ページ程度に収まるよう内容を厳選しました．しかし，重要事項は漏らすことなく記述してありますので，電気・電子工学の専門的な分野へより深く進むための知識の取得には，十分な内容となっています．平易なわかりやすい文章表現と，紙面の許す限り多くの図面を取り入れ，さらに，図面内にも簡単な説明文を加えることなどにより，電気・電子工学への入門者が容易に学習を進めることができるよう心がけて編集しました．

電気・電子工学の基礎をしっかり身に付けるには，多くの例題を解いてみることが肝要です．そのため，本シリーズでは，各章末に練習問題を設けています．

これらの練習問題は，その章で学んだ内容を復習するための例題的な問題から，より高度で専門的な応用問題までを含んでいます．これらの問題を紙と鉛筆を用いて自ら解くことによって，電気・電子工学の知識をより確実なものとしてください．

最後に，本シリーズのこのような編集方針をご理解くださり，ページ数，執筆内容，章立てなどの調整について，編集委員会の要望を快く受け入れていただいた執筆者各位に厚く御礼を申し上げます．

藤井信生

第 1 版のはしがき

言うまでもなく，コンピュータ技術は現代社会に不可欠な存在です．金融，産業，交通，建築，医療，教育，政治，どの分野に目を向けても，コンピュータが不要なものはありませんし，私達が日々利用している，家電製品や携帯電話など，あらゆるものにコンピュータが内蔵されています．

もともとは，計算をするためにつくられたそろばんのような道具から始まり，歯車を使った機械式計算機を経て，電子式計算機に至ると，画像や音声といった，計算とは直接関係ない広範なデータも扱えるようになっていきました．その姿や大きさも，いわゆるパソコンのような見慣れたものから，小型な組込みコンピュータや巨大なスーパーコンピュータまで，さまざまです．

このような社会基盤の一つともいえるコンピュータについて学ぶことは，現代人にとって不可欠な「生きる力」の一つとして考えられていて，小中高等学校を通して学んできます．ところが，その多くはワープロなどのアプリケーションの使い方やネチケットのようなマナー，メディアリテラシーなど，コンピュータの利活用に関するものに重点が置かれていて，仕組みや動作原理についてはほとんど学んでいないのが現状です．

しかし，コンピュータの仕組みや原理を知らずに，コンピュータの正しい利活用はできません．例えば，コンピュータの扱う数値には限界があることや必ず誤差を含んでいること，コンピュータは人間のように数値のもつ意味を理解できないことなどを知らずに，科学的シミュレーションの計算を行ったり，金融システムを利活用したりすることは，重大な事故を引き起こす危険性すらあります．

本書は，電気・電子系の学生が，コンピュータの仕組みや原理の基礎を学ぶための教科書として企画されていますが，より広く理工学系の学生にとっても理解可能なものになっています．

各章の構成は学習する順序に合わせて配置されていて，1 章では，コンピュータ誕生の歴史やコンピュータを構成するハードウェアとソフトウェアについて概説します．続く 2 章では，コンピュータの扱う情報が，私達人間とは異なるディジタル情報であることと，その利点・欠点について学びます．

3 章では，そのディジタル情報を処理する原理である論理数学（ブール代数）とその処理を実現する論理回路に関する基本的な知識について，4 章では，具体的なコンピュータのハードウェア構成要素である，処理装置，記憶装置，入出力装置などについて学びます．

5章以降は主にソフトウェアに関する内容で，5章では，ソフトウェアを作成するために必要なプログラミング言語について，6章では，コンピュータの基本動作をつかさどるOSについて，7章では，現代のコンピュータに不可欠なネットワークやセキュリティ技術について，それぞれ学びます．

最後に，本書の執筆にあたって貴重なご意見をいただいた東京工業大学の藤井信生教授，また，出版に際してお世話をいただいたオーム社出版部の各位に感謝いたします．

2011年9月

著者を代表して　安 井 浩 之

改訂にあたって

社会でコンピュータが果たす役割は，第1版が出版された2011年と比較して，ますます重要なものとなっています．ほとんどの人はスマートフォンで常にインターネットとつながり，IoT（Internet of Things）やAI（Artificial Intelligence）といった言葉をあちこちで見かけるようになりました．

そこで，量子コンピュータやブロックチェーンといった，新しい技術にも対応するためのコラムを新たに設けたり，よりわかりやすく，見やすい教科書となるように，説明の順序や図表の配置を見直すなどの改訂をさせていただきました．特に，今後ますます重要性が高くなるネットワークとセキュリティ技術については，1章にまとめていたものを2つの章に分けて再整理しています．

昔から変わらない基本的なコンピュータの仕組みを学ぶだけでなく，日々進化する最新の技術に対する興味をもち，自ら学ぼうと考えるきっかけとなるような本になればと思います．

2019年10月

著者を代表して　安 井 浩 之

目　次

1章 コンピュータシステム

2章 情報の表現

3章 論理回路とCPU

4章 記憶装置と周辺機器

5章 プログラムとアルゴリズム

6章 OS とアプリケーション

7章 ネットワーク

8章 セキュリティ

1章 コンピュータシステム

➡現代社会にコンピュータシステムは不可欠です．家庭や学校などでよく見かけるようなコンピュータだけでなく，気象予測や建造物の構造分析をするためのスーパーコンピュータから家電製品や携帯電話に組み込まれているものまで，世の中には無数のコンピュータが存在し，あらゆるものがコンピュータなしには動かなくなっています．

➡この章では，コンピュータが進化してきた歴史や現在使われている，さまざまな種類のコンピュータについて学ぶとともに，コンピュータの動作原理や基本構成について概観します．

1 コンピュータの歴史

コンピュータ（computer）は，「計算をするもの」（“compute”+“er”）という名前のとおり，計算をするための道具を起源として進化してきた装置です．ここでは，その進化の歴史を見てみましょう．

先史から中世

有史前，人類は家畜などの数を把握するために，指を使って数えることからはじまり，やがて，石や棒を使ってその数を記録するようになりました．石や棒を使うようになると，数の足し算や引き算が容易になり，それを道具として発展させてそろばんの原型が生まれました．図1･1のような**そろばん**（算盤）がつくられるようになりました．

図1･1　そろばん

写真提供，所蔵：東京理科大学近代科学資料館

中世から近代

中世以降，数学の進歩に伴い，乗除算が可能な**ネイピアの計算棒**（図 1･2）や，対数の原理に基づく**計算尺**（図 1･3）が発明されました．また，時計に代表される精密機械がつくられるようになると，パスカルやライプニッツといった数学者達が，歯車を用いた**機械式計算機**（図 1･4）を発明しました．

19 世紀には，機械式計算機がさらに発展します．英国のバベッジは，**階差機関**（図 1･5）という多項式の数表を計算する装置を作成し，さらにその発展形として，現代のコンピュータに近い計算原理をもつ**解析機関**を設計しました．また，米国ではホレリスが，移民による人口増加にも対応できる国勢調査用の集計装置として，パンチカード（現代のマークシートのようなもの）を用いて大量の情報を高速に入力することができる**統計機械**（図 1･6）を開発しました．

コンピュータ誕生後

20 世紀を迎えると，精密機械加工の限界がある機械式計算機に代わり，電子式計算機が登場します．当初はそれまでの機械式計算機と同様に 10 進数を用いて計算をする方式でしたが，1937 年に**クロード・シャノン**（Claude Shannon）が考案した 2 進数と論理演算を用いる方式により，スイッチのオンオフだけで計算が可能になると，リレー，真空管，そして半導体素子を用いた，現代と全く同じ計算方式の電子式計算機，つまりコンピュータが誕生します．

史上初のコンピュータは，1939 年にアタナソフとベリーにより開発された **ABC マシン**ですが，実用可能なコンピュータとしては，1946 年に誕生した **ENIAC**（図 1･7）が史上初とされています．

その後，ENIAC の開発者達のアイディアを基に，1945 年に**ジョン・フォン・ノイマン**（John von Neumann）が**プログラム内蔵**（Stored Program）**方式**を発表します．それまでのコンピュータは，計算内容やその手順（プログラム）を決定するために配線の組換えが必要な**結線プログラム**（Wired Program）方式でしたが，プログラム内蔵方式では，プログラムを計算用のデータと同様に入力できるので，容易にプログラムの交換ができるようになりました．

なお，プログラム内蔵方式を採用した初のコンピュータは **EDSAC** とされており，プログラム内蔵方式を発表したノイマン自身が開発に関わった **EDVAC** より

図1・2　ネイピアの計算棒

所蔵：東京理科大学近代科学資料館

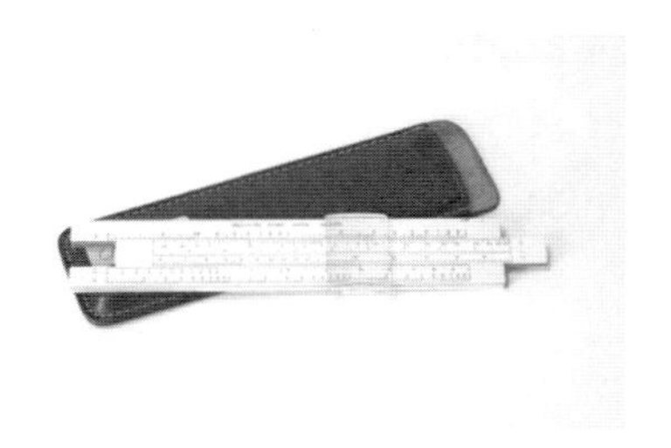

図1・3　計算尺

写真提供，所蔵：東京理科大学近代科学資料館

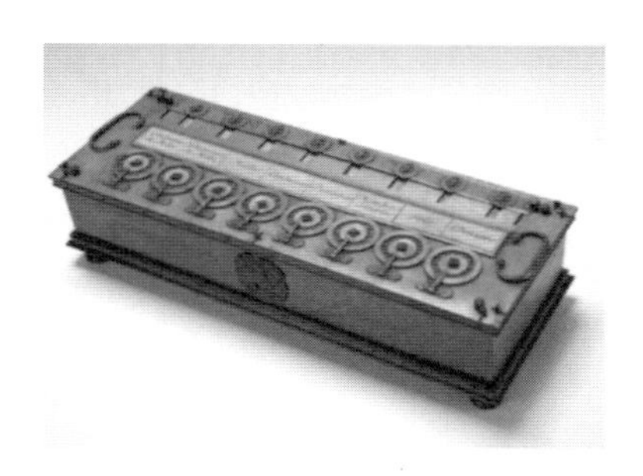

図1・4　機械式計算機

写真提供：東京理科大学近代科学資料館，
所蔵：国立科学博物館

図1・5　バベッジの階差機関（模型）

写真提供：東京理科大学近代科学資料館，
所蔵：国立科学博物館

図1・6　ホレリスの統計機械

写真提供：東京理科大学近代科学資料館，
所蔵：国立科学博物館

図1・7　ENIAC

写真提供："U.S. Army Photo", from K. Kempf, "Historical Monograph: Electronic Computers Within the Ordnance Corps" The ENIAC, in BRL building 328. Left: Glen Beck Right: Frances Elizabeth Snyder Holberton

も早い1949年に完成しました．これ以降に開発されたコンピュータは，ほとんどすべてがプログラム内蔵方式を採用しています．

1950年代になると，コンピュータを商品として販売するUNIVACやIBMといった企業が登場し，日本でも富士通などが実用コンピュータの製造をはじめました（図1･8）．1970年代にはAppleなどが個人でも購入可能なパーソナルコンピュータ（パソコン，PC）の販売を始めました．1990年代になると，あらゆるものにコンピュータが組み込まれるようになり，またインターネットの爆発的な普及により，日常生活にとっても不可欠なものとなっていきました．

2 コンピュータの基本構成と動作原理

現在主流のプログラム内蔵方式コンピュータは，別名**ノイマン型コンピュータ**とも呼ばれています．

ここでは，ノイマン型コンピュータの基本的な構成やその動作原理について説明します．

ハードウェアとソフトウェアの関係

コンピュータは，図1･9のように物体としてのコンピュータである**ハードウェア**とコンピュータに仕事をさせるための情報である**ソフトウェア**から構成されています．ハードウェアは，いろいろな役割をもった電子回路や精密機械などで構成されています．ソフトウェアは，さまざまな処理を実現するための0と1からなる情報データの集まりです．科学的な例えではないですが，コンピュータを人間に例えると，ハードウェアが身体（肉体）で，ソフトウェアが魂（心）のようなものといえるでしょう．ハードウェアはソフトウェアがなければただの機械ですし，ソフトウェアはハードウェアがなければただの0と1の集まりの情報にすぎません．両方が互いに連携することでコンピュータ（計算機）として動くようになります．

5大装置

コンピュータのハードウェアは，図1･10のように①入力，②出力，③記憶，④演算，⑤制御の五つの装置から構成されています．これらの装置はコンピュー

図 1・8　日本初の実用リレー式計算機　**FACOM 100**

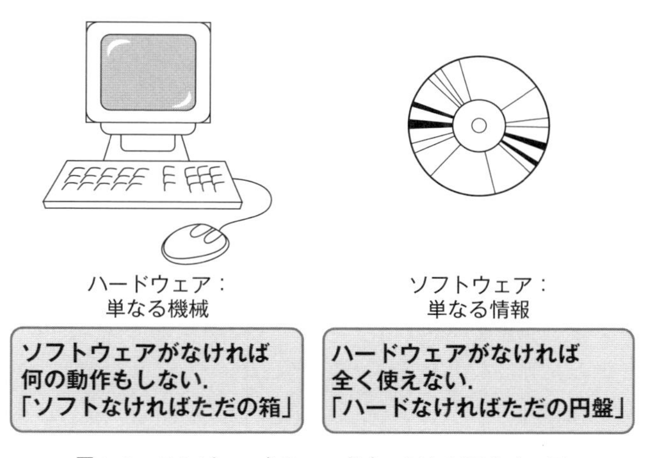

図 1・9　コンピュータのハードウェアとソフトウェア

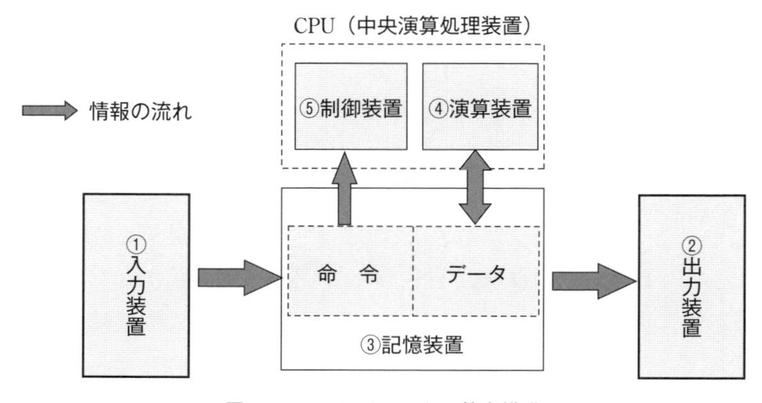

図 1・10　コンピュータの基本構成

タの**5大装置**と呼ばれ，大型汎用コンピュータから小型のコンピュータまで同じ構成になっています．

入力装置は情報を入力する装置で，入力された情報は記憶装置に渡されます．記憶装置は情報を保存しておく装置で，その情報はコンピュータそのものを動かすための**命令**（**プログラム**）と計算に用いるための**データ**の二つに大きく分類されます．**制御装置**は記憶装置から命令を取り出し，各装置に対してどのように動けばよいかを指示します．**演算装置**は記憶装置にあるデータを用いていろいろな演算をして，その結果を記憶装置などに保存します．**出力装置**は記憶装置から情報を渡され，その情報を出力する装置です．コンピュータの中枢部ともいえる**中央演算処理装置**（**CPU**：Central Processing Unit）は，図**1･11**（左）のような半導体の素子で，制御装置と演算装置の役割を果たしてしています．

記憶装置は情報を保存する装置ですが，CPUと直接命令やデータをやり取りする**主記憶装置**と主記憶装置に入りきらない情報を長期間保存する**補助記憶装置**の二つに分類できます．主記憶装置は，図1･11（右）のように通常は半導体の素子で構成されています．一方，補助記憶装置は，主記憶装置に対して情報を出し入れする入出力装置としての機能を併せもっており図**1･12**のような**ハードディスクドライブ**や**光ディスクドライブ**，**フラッシュメモリ**などが使われます．

入力装置と出力装置は入出力装置とも呼ばれ，コンピュータと人が情報をやり取りするための装置です．入力装置は情報の入口であり，図**1･13**のような**キーボード**や**マウス**などによって情報を与えます．出力装置は結果の出口であり，図**1･14**のような**ディスプレイ**や**プリンタ**などによって情報が出力されます．その他，補助記憶装置や通信機器も入出力装置の仲間になります．

プログラム

コンピュータを動作させるための命令や計算に用いるデータをソフトウェアと呼びます．ソフトウェアがなければコンピュータは動きません．通常，命令は単独ではなく，たくさんの命令が集まってコンピュータの各装置を動かすための動作手順となっており，**プログラム**と呼ばれています．また，データは，計算などに用いる数値，文字，画像，音声などであり，演算装置により処理されたり，入出力装置によって与えられたり，処理された結果が出力されたりします．

プログラムは，さらに**オペレーティングシステム**（**OS**：Operating System）

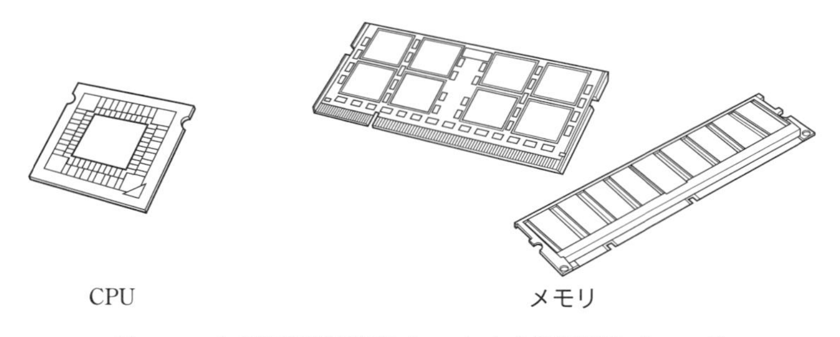

図1・11　中央演算処理装置（CPU）と主記憶装置（メモリ）

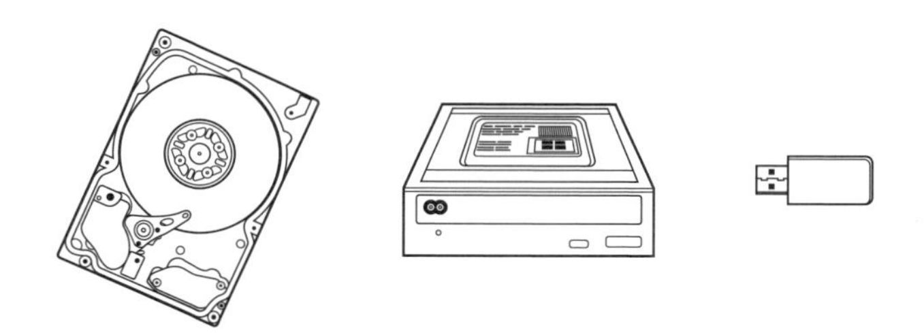

図1・12　いろいろな補助記憶装置

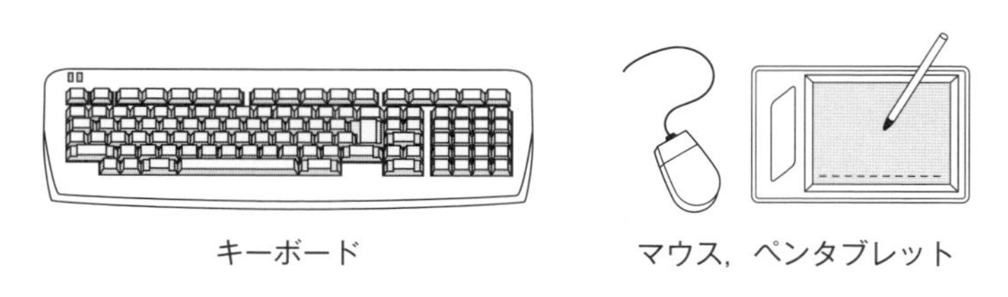

図1・13　いろいろな入力装置

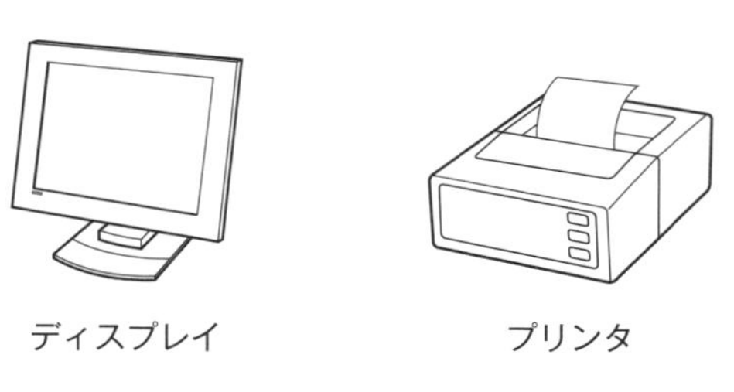

図1・14　いろいろな出力装置

と**アプリケーション（応用）プログラム**に分類されます．OSは，コンピュータのハードウェアを効率良く動かす，いろいろなプログラムの動作制御を管理する，データの管理をするなどの仕事をします．ほとんどのコンピュータにはOSが存在しますし，そのOSの種類も大型コンピュータ用途から小型コンピュータ用途に至るまで多種多様なものが存在します．さらに種々のプログラムに共通する基本的な機能を提供したり，使用者（ユーザ）の操作性を統一させる機能などが含まれます．一方，アプリケーションプログラムはユーザがOSだけではしづらい応用的な作業をするためのプログラムで，**アプリケーション（応用）ソフトウェア**や単に**アプリケーション**，アプリなどとも呼ばれます．アプリケーションプログラムは，科学計算，会計処理，事務処理などで使う適用業務プログラムやワードプロセッサ，表計算，電子メール，ゲームなど主に個人で使うプログラムに大きく分類されます．

つまり，図1･15のように，ユーザはアプリケーションやOSなどのソフトウェアを介して，ハードウェアを操作しているということになります．

3 現代社会におけるさまざまなコンピュータ

現代社会において，コンピュータは，さまざまな形で我々の生活に溶け込み，欠くことのできない存在となっています．ここでは，技術の進化とともにコンピュータの形態がどのように変化し，また私達の社会にどのような影響を及ぼしつつあるかについて概説します（図1･16）．

大型コンピュータ

商用のコンピュータが登場した1950年代から1970年代初頭までは，**メインフレーム**と呼ばれる大型の汎用コンピュータが主流の時代でした．当時の大型コンピュータ（図1･17，図1･18）は大規模な科学技術計算を行うことが主要な目的でしたが，現在では全国に配置された端末装置を通信回線で結ぶオンラインシステムのホストコンピュータなどに使用されています．例えば，電車や飛行機のチケット予約システムや銀行のATMシステムはその一例です．

1970年代以降は，コンピュータの**小型化（ダウンサイジング）**の流れが主流となり，その性能も飛躍的に向上したため，**スーパーコンピュータ**（図1･19）と

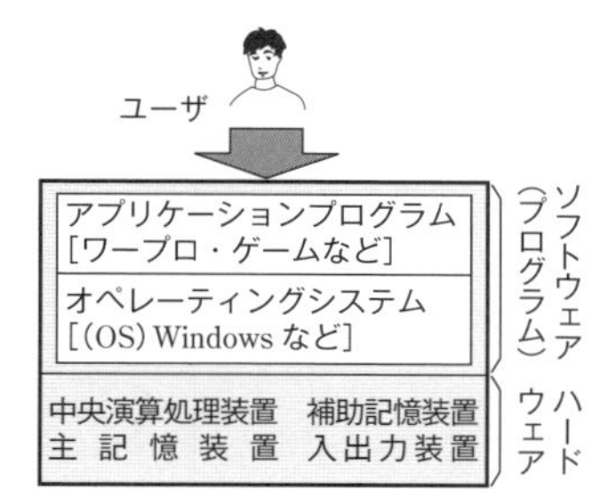

図 1・15　ソフトウェアの位置づけ

1960 ～ 70 年代	1980 年代	1990 年代	2000 年代
中央集中型	ネットワーク分散型		モバイル型
メインフレーム	ミニコン・ワークステーション	パーソナルコンピュータ	携帯型パソコン マイクロコンピュータ
IBM	DEC Sun	Microsoft Intel	各種メーカ Apple Google

図 1・16　コンピュータ利用形態の変化

図 1・17　初期の大型コンピュータ IBM 701
（提供：日本アイ・ビー・エム株式会社）

図 1・18　世界初の LSI 式大型コンピュータ
FACOM M-190

図 1・19　スーパーコンピュータ「富岳」

呼ばれる超高速で高度な計算処理を行うコンピュータを除くと，大型コンピュータの需要は減少していきました．しかしながら，近年のインターネットを介して各種サービスを提供する**クラウドコンピューティング**は，大規模なコンピュータ環境を提供するしくみであることから，新たな大型コンピュータと考えることができるでしょう．

小型コンピュータ

コンピュータ小型化の時代には，大型コンピュータに代わって**ミニコンピュータ**（ミニコン）が普及していき，企業の各部署などの比較的小規模な単位で導入されるようになりました（図1･20）．ミニコンピュータはその後，後述するパーソナルコンピュータやワークステーションに発展していきます．

ワークステーションは，処理負荷の高い専門的な計算処理を行うことが可能な小型コンピュータで，それぞれがネットワーク接続された分散型のシステムを構成するのに適したUNIXなどのOSを採用し，インターネットを発展させるうえで中核的な役割を果たしました．現在はWindowsを採用したものも多く，高性能なパーソナルコンピュータとの区別も不明瞭な状況にあります（図1･21）．

パーソナルコンピュータ（PC）

1970年代初頭にアメリカのIntelから世界初のマイクロプロセッサが登場しました．これを機に低価格の個人向けコンピュータが実現可能と考えられるようになり，1970年代半ばにはMITSから初めての**パーソナルコンピュータ**Altair8800が誕生しました．その後，AppleのApple Ⅱ（1977），IBMのIBM-PC（1981），NECのPC-9801（1982）などを経て，1984年には事実上の業界標準となるIBM-PC/ATが登場しました（図1･22）．現在普及しているPCは，AppleのMacを除き，そのほとんどが**PC/AT互換機**となっています．

1990年代に入ると，**PC**は一般消費者にも広く普及するようになりました．インターネットの利用率が上昇を始める2000年頃になると，これに呼応する形でPCの普及率も上昇しました．

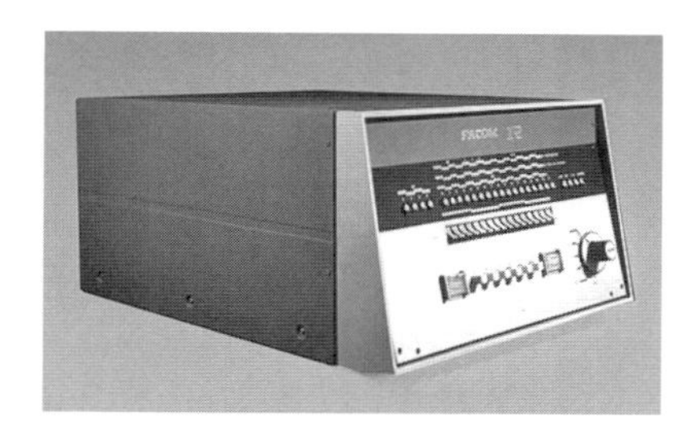

図1・20　昔のミニコンピュータ

図1・21　現在のワークステーション

図1・22　IBM-PC/AT
（提供：日本アイ・ビー・エム株式会社）

モバイルデバイス

その後も半導体技術の飛躍的な向上に伴い，PCは今日まで小型化・高性能化に向けて急速に進化し続けています．その一例として，**ノートPC**（図1・23）をはじめとする携帯可能なコンピュータの普及があげられます．また，携帯電話や**携帯情報端末**（**PDA**）を高機能化した**スマートフォン**や**タブレットPC**（図1・24）などが，PCに取って代わる勢いで普及し続けています．

組込みコンピュータ

一般にコンピュータといえば，キーボード，マウス，ディスプレイをもったPCを思い浮かべる人が多いかもしれません．PCのように，ソフトウェアを入れ換えることでさまざまな用途に使用できるシステムを汎用システムと呼びます（図1・25）．一方，情報社会と呼ばれる現代においては，先に述べた携帯電話を始めとして，ゲーム機，ディジタル家電，自動車など，身の回りにある製品の多くにコンピュータが内蔵され，さまざまな制御が行われています．このようなシステムを**組込みシステム**と呼びます（図1・26）．また，家電製品や電子機器に組み込まれて使用されるコンピュータを**組込みコンピュータ**（あるいは**マイクロコンピュータ**）と呼びます．組込みコンピュータは，半導体チップにCPU，メモリ，入出力回路，タイマ回路などを搭載したLSIで，小さいながら単体でコンピュータシステムとしての機能を一通り備えていることが特徴です．

このように，情報社会と呼ばれる現代は人間が生活するありとあらゆる場面にコンピュータが存在する社会であるといえます．これら無数のコンピュータがネットワークを介して接続される**IoT**（Internet of Things）技術が今後さらに発展し，24時間どのような場所でも，コンピュータによる恩恵を誰もが等しく受けることができるようになるでしょう．

新しいコンピュータ

最近は，従来のコンピュータが苦手としてきた組合せ最適化問題などに威力を発揮する**量子コンピュータ**（Quantum Computer）（図1・27）や人間の頭脳のように物事を学習するディープラーニングなど，これまでとは異なる原理に基づくコンピュータ技術も実用化され始めています．

図 1・23　ノート PC

図 1・24　タブレット PC

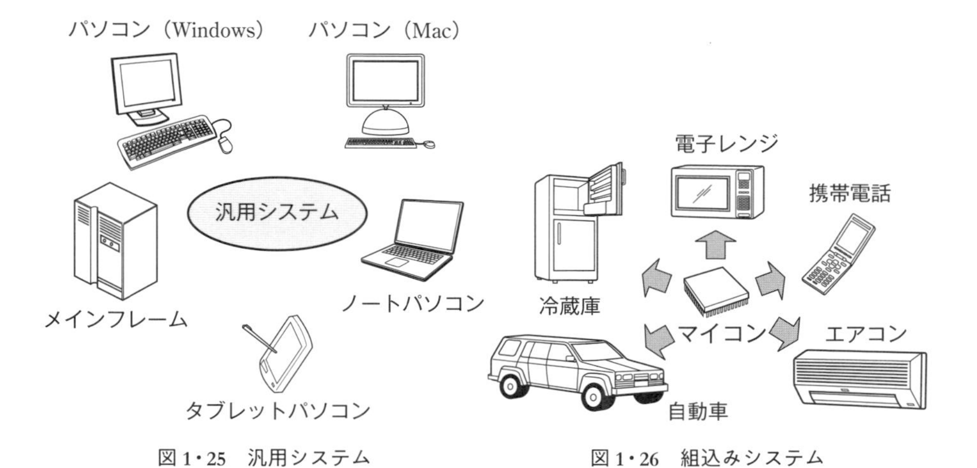

図 1・25　汎用システム

図 1・26　組込みシステム

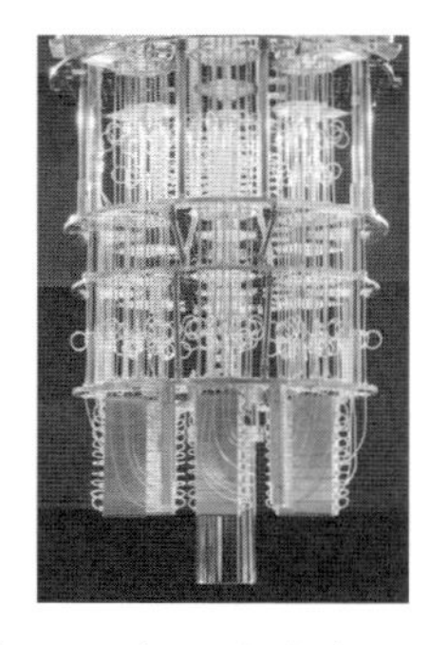

(a) 量子ゲート方式（IBM Q）
（提供：日本アイ・ビー・エム株式会社）

(b) 量子アニーリング方式
（富士通デジタルアニーラ）

図 1・27　量子コンピュータの計算ユニット

練 習 問 題

【1】 ノイマンとシャノンに並び，コンピュータ誕生に大きく貢献したアラン・チューリング（Alan Turing）が提案した，現代のコンピュータの動作原理と基本的に同じ仕組みをもつ仮想的な機械は何か，調べて答えなさい．

【2】 図1･28は，ハードウェアの5大装置を表したものです．各ブロックが何装置に相当するか，データや制御信号の流れから推測し，選択肢より答えなさい．

選択肢：入力装置，　出力装置，　制御装置，　演算装置，　記憶装置

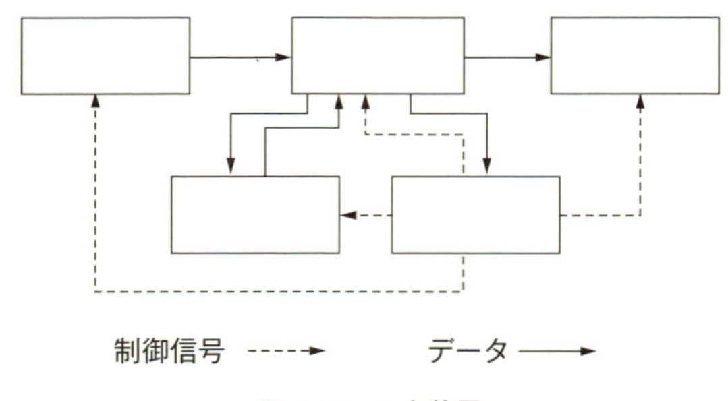

図1･28　5大装置

【3】 OSとは何の略か答えなさい．

【4】 クラウドコンピューティングを実現する際に，多数のコンピュータを仮想的に1台のコンピュータのように動作させる技術が用いられます．この技術のことを何と呼ぶか，調べて答えなさい．

【5】 タブレットPCは，その形状的な特徴からスレートPCと呼ばれることがあります．その形状的な特徴とはどのようなものか，調べて答えなさい．

2章 情報の表現

➡コンピュータは数値を始めとして，文字，音声，画像などさまざまな情報を扱うことができますが，内部においてこれらの情報はすべて {0, 1} からなるデータ列として表現されます．例えば，01000001 は 2 進数と解釈すれば「65」という自然数を表しますが，文字と解釈すれば‘A’というアルファベットを表すことにもなります．この章では，数値，文字，音声，画像などのさまざまな情報がコンピュータ内部でどのようにデータ表現されているかを学びます．

1 2進符号

コンピュータ内部で扱うデータはすべて {0, 1} からなるデータ列であり，これを **2 進符号**と呼びます．また, 2 進符号の 1 桁分のデータ（0 か 1 を取る）を**ビット**（**Bit**）と呼びます．例えば，01000001 は 8 ビットの 2 進符号です．図 2･1 に示すように，コンピュータでは 2 進符号をさまざまに解釈することで，多様な

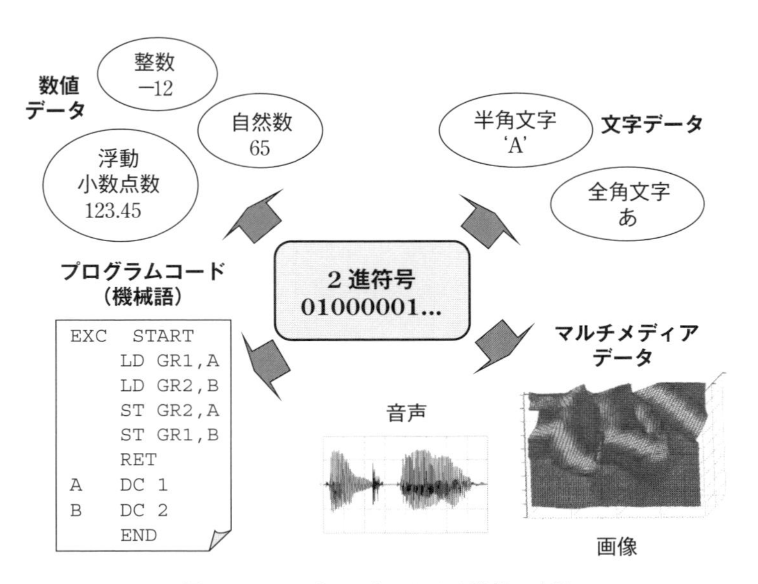

図 2･1　コンピュータにおける情報の表現

データを統一的に扱うことを可能にしています．

以下では，コンピュータ内部のデータ表現において，なぜ2進符号が用いられるかについて考えてみましょう．一般に，人間が数値を扱うとき，10進数を用いるのが普通です．コンピュータが人間にとってなじみ深い10種類の符号{0, 1, …, 9}を用いた10進符号によるデータ表記を採用せず，あえて2進符号を用いるのには，以下に示すような電子回路設計に関わるいくつかの技術的な理由があげられます．

〔1〕記憶素子を低コストで実現できる

2進符号は2種類の符号{0, 1}のみで情報を記述するため，これを記憶するには“オン”と“オフ”の2状態を取る簡易で低コストな記憶素子を用いれば十分です（**図2･2**）．これに対して，10進符号を用いた場合は，単体で10種類の符号{0, 1, …, 9}を識別できる記憶素子が必要になりますが，その仕組みや構造は2状態を取る記憶素子に比べて確実に複雑となり，コストも高くなります．

〔2〕信頼性の高い電子回路を実現できる

電子回路において，データの値は通常電圧のレベルで表現されます．10進符号の場合，決められた電圧の範囲を0～9までの10通りの符号に割り当てなければなりませんが，2進符号では0, 1の二つの符号に割り当てればよいため，回路の信頼性を大幅に向上することができます．例えば，**図2･3**のように信号に雑音が乗った場合でも，0と1の2状態しか取らない信号は容易に0と1を識別することができますが，10状態を取る信号の場合は雑音の振幅が複数の電圧レベルにまたがることから，0，1，2，…，9を識別することは非常に困難となります．

〔3〕電子回路の設計が容易になる

データを2進符号で表現することにより，コンピュータが実行するさまざまな処理をAND, OR, NOTで構成される**論理回路**に置き換えることができ，これにより電子回路の実現が容易になることが知られています（**図2･4**）．この事実は1章1節で述べたとおり，1937年にクロード・シャノンによって示されました．当初，研究者達は10進符号に基づいた演算回路の実現を目指しましたが，うまくいきませんでした．このような中，論理演算であれば電子回路で簡単に実現できることがシャノンによって明らかにされ，それ以降，現在のような2進符号に基づく演算処理が主流となりました．

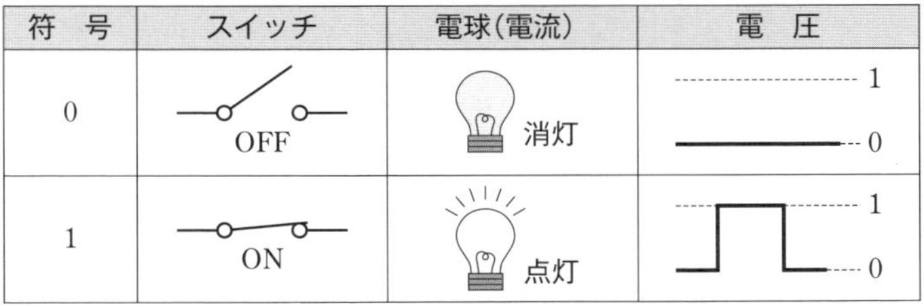

符号
スイッチ
電球(電流)
電圧
0
OFF
消灯
1
0
1
ON
点灯
1
0

2進符号は簡単な物理現象に対応付けて表現することができる

図2・2　2進符号と物理現象との対応

10
9
8
7
6
5
4
3
2
1
0
1
0

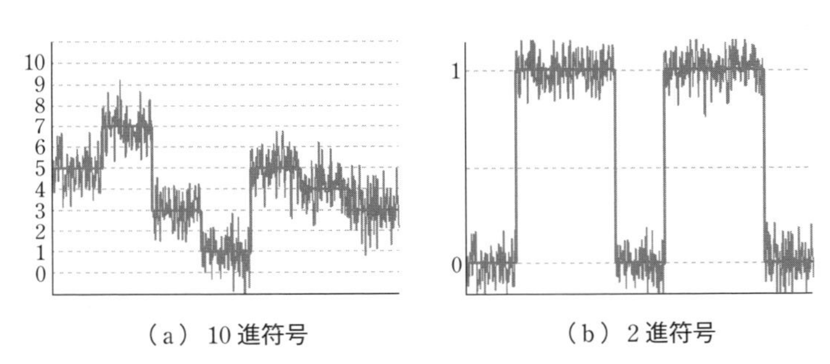

（a） 10進符号　　（b） 2進符号

2進符号はノイズが重畳しても，容易に正しい符号を復元することができる

図2・3　2進符号の耐雑音性

真理値表

A	B	$f(A, B)$
0	0	0
0	1	1
1	0	1
1	1	0

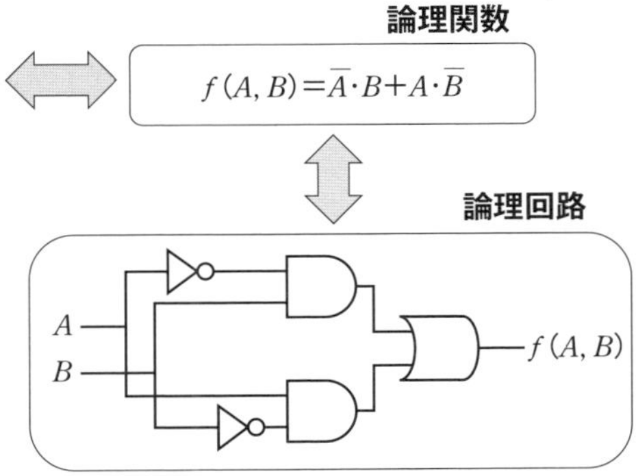

論理関数
$f(A, B)=\overline{A}\cdot B+A\cdot\overline{B}$
論理回路
A
B
f (A, B)

2進符号の入出力関係（真理値表）に基づき定義される論理関数は，
AND，OR，NOTからなる論理回路に置き換えることができる

図2・4　真理値表に基づく論理回路の設計

2 2進数による数の表記法

ここでは，コンピュータ内部における数値表現の基礎となる**2進数**について，その基本的な事項について述べます．

2進数とは

私達は普段，0, 1, 2, …, 9という10種類の数字を用いて数を数えますが，このような数え上げを行って得られる数を**10進数**と呼びます．これに対し，2進数は0と1の2種類の数字のみを用いて数え上げを行う数のことです．2進数と10進数の数え上げの比較を**表2･1**に示します．例えば，「10」という数は，それが何進数を前提とするかによって異なる数値を表します．表2･1により，2進数における10（イチゼロと読みます）は10進数の2に相当することがわかります．一方,10進数の10（ジュウ）は2進数の1010（イチゼロイチゼロ）に相当します．特にこれらを区別する必要がある場合は，2進数表記の10を$(10)_2$，10進表記の10を$(10)_{10}$のように書きます．

ある数値を2進数で表記する際に，0と1を何個並べるかを桁数と呼びます．例えば，先に述べた$(1010)_2$は4桁の2進数です．一般に，N桁の2進数を用いれば，$0 \sim 2^N-1$までの2^N個の数値を数え上げることができます．2^N個を超える数値を数えるには$N+1$桁目に繰上げを行う必要があります．表2･1では，4桁の2進数によって0～15までの数値が表現できることを示しています．

2進数は二つの記号{0, 1}を用いて数値を記述するため，“オフ”と“オン”の2状態を取る物理現象を各桁の数値0または1に対応させることによってその値を記憶することができます．

また，表2･1からわかるように，2進数では使用できる記号が{0, 1}の二つしかないことから桁の繰上がりが頻繁に起こり，10進数に比べて桁数が大きくなる傾向があります．この表記上の問題点を補うため，2進数の代わりに**16進数**がしばしば用いられます．16進数表記では，10～15に相当する記号としてA～Fが使用されます．後に示すように，16進数では2進数の4桁分データを1桁で表記することができます．

表2・1　2進数による数え上げ

10進数	2進数	16進数
0	0	0
1	1	1
2	10	2
3	11	3
4	100	4
5	101	5
6	110	6
7	111	7
8	1000	8
9	1001	9
10	1010	A
11	1011	B
12	1100	C
13	1101	D
14	1110	E
15	1111	F
16	10000	10

コラム

2進符号で情報を表現すると，非常に多くのビット数が必要となるため，情報の大きさ（情報量）を表記する際には，長さなどの単位に付けるk（キロ）やm（ミリ）などの接頭辞がよく使用されます．

ただし，コンピュータ関連でよく用いられる接頭辞（**表2・2**）には10進数系と2進数系があり，例えば，ファイルサイズは2進数系，記憶装置の容量は10進数系となります．

どちらを使用するかは，慣例的なものでわかりづらいため，2進数系を明示する場合，Ki（キビ），Mi（メビ）のようにiを付けた表記を用います．

表2・2　単位の接頭辞

接頭辞 読み方	k（K） キロ	M メガ	G ギガ	T テラ	P ペタ	E エクサ	Z ゼタ	Y ヨタ
10進数系	10^{3}	10^{6}	10^{9}	10^{12}	10^{15}	10^{18}	10^{21}	10^{24}
2進数系	2^{10}	2^{20}	2^{30}	2^{40}	2^{50}	2^{60}	2^{70}	2^{80}

※キロは本来小文字ですが，情報量においては大文字が一般的

位取り記数法

2進数による数値表現をもう少し厳密に調べてみましょう．10進数の例で説明すると，例えば $(1234)_{10}$ は次のように展開することができます．

$$(1234)_{10}=1\times10^3+2\times10^2+3\times10^1+4\times10^0 \qquad (2\cdot1)$$

このような数値の表記法を10進位取り記数法と呼びます．**10進位取り記数法**では，各桁はそれぞれ 10^3, 10^2, 10^1, 10^0 の重みをもち，桁が上がるごとに重みは10倍されます．

以上の表記法は，2進数，さらに一般の ***r* 進数**に拡張することができます．ここで，r は $r>1$ の自然数であり，基数と呼ばれます．r 進数で表記された n 桁の数値 $(a_{n-1}a_{n-2}\cdots a_1a_0)_r$ を考えます．ここで，r 進数による表記であることから，各桁の数字 $a_i(i=0,\ 1,\ \cdots,\ n-1)$ は 0 ～ $r-1$ までの r 個の数値を取ることとします．このとき，r 進位取り記数法は以下の式で表すことができます．

$$(a_{n-1}a_{n-2}\cdots a_1a_0)_r=a_{n-1}\times r^{n-1}+a_{n-2}\times r^{n-2}+\cdots+a_1\times r^1+a_0\times r^0$$
$$a_i\in\{0,\ 1,\ 2,\ \cdots,\ r-1\} \quad (i=0,\ 1,\ \cdots,\ n-1) \qquad (2\cdot2)$$

2進数と10進数の変換

2進数から10進数へ変換する方法については，実は先に述べた式（2･2）によってすでに与えられています．式（2･2）の右辺の展開式を10進数の演算とみなして計算すればよいのです．これは，一般の r 進数についても同様に当てはまります．例として，例題❷-③を見てみましょう．2進数，16進数をそれぞれ10進数に変換する例が示されています．

逆に10進数を2進数に変換する方法について考えてみましょう．いま，10進数 N の2進数表記が $(a_{n-1}a_{n-2}\cdots a_1a_0)_2$ であるとします．例題❷-③の方法にならえば

$$N=a_{n-1}\times2^{n-1}+a_{n-2}\times2^{n-2}+\cdots+a_1\times2+a_0$$
$$=2\times(a_{n-1}\times2^{n-2}-a_{n-2}\times2^{n-3}+\cdots+a_1)+a_0$$

が成立します．このとき，N を2で割った商を N_1，余りを R_0 とすれば

$$N_1=a_{n-1}\times2^{n-2}+a_{n-2}\times2^{n-3}+\cdots a_2\times2+a_1,\quad R_0=a_0$$

となり，a_0 が得られます．同様に，N_1 を2で割った商を N_2，余りを R_1 とすれば

$$N_2=a_{n-1}\times2^{n-3}+a_{n-2}\times2^{n-4}+\cdots a_3\times2+a_2,\quad R_1=a_1$$

となり，a_1 が得られます．同様に，N_2 を2で割った余り R_2 から a_2 が得られます．

例題❷-① 位取り記数法（2進数）

2進数110101を式（2･2）に従って展開しなさい．

解答

2進数であるため，$r=2$を使用します．また，桁数については次のような対応関係を考えると式の展開が容易になります．

1	1	0	1	0	1
↑	↑	↑	↑	↑	↑
2^5	2^4	2^3	2^2	2^1	2^0

よって，式（2･2）の展開は以下のようになります．

$$(110101)_2=1\times2^5+1\times2^4+0\times2^3+1\times2^2+0\times2^1+1\times2^0$$

□

例題❷-② 位取り記数法（16進数）

16進数1BAを式（2･2）に従って展開しなさい．

解答

16進数であるため，$r=16$を使用します．Aが10を，Bが11をそれぞれ表していることに注意すれば，以下のように展開できます．

$$(1\mathrm{BA})_{16}=1\times16^2+11\times16^1+10\times16^0$$

□

例題❷-③ r進数⇒10進数

2進数110101，16進数1BAを10進数に変換しなさい．

解答

$$(110101)_2=1\times2^5+1\times2^4+0\times2^3+1\times2^2+0\times2^1+1\times2^0$$
$$=32+16+4+1=\underline{53}$$
$$(1\mathrm{BA})_{16}=1\times16^2+11\times16^1+10\times16^0=256+176+10=\underline{442}$$

□

以下，同様の操作を繰り返し行うことで，$a_0 \sim a_{n-1}$ までのすべての桁の値を順次求めることができます．以上の手続きを簡単に行う方法を例題❷-④に示します．

16 進数との関係

2 進数と 16 進数には非常に便利な関係があります．いま説明の都合上，8 桁の 2 進数 $(a_7 a_6 a_5 a_4 a_3 a_2 a_1 a_0)_2$ を考えます．式（2･2）に従って展開すれば

$$\begin{aligned}(a_7 a_6 a_5 a_4 a_3 a_2 a_1 a_0)_2 &= a_7 \times 2^7 + a_6 \times 2^6 + a_5 \times 2^5 + a_4 \times 2^4 + a_3 \times 2^3 \\ &\quad + a_2 \times 2^2 + a_1 \times 2 + a_0 \\ &= (\underline{a_7 \times 2^3 + a_6 \times 2^2 + a_5 \times 2 + a_4}) \times 16 \\ &\quad + (\underline{\underline{a_3 \times 2^3 + a_2 \times 2^2 + a_1 \times 2 + a_0}}) \\ &= \underline{b_1} \times 16 + \underline{\underline{b_0}} = (b_1 b_0)_{16} \qquad (2 \cdot 3)\end{aligned}$$

という関係が得られます．ただし，式（2･3）において

$$b_1 = a_7 \times 2^3 + a_6 \times 2^2 + a_5 \times 2 + a_4, \quad b_0 = a_3 \times 2^3 + a_3 \times 2^2 + a_1 \times 2 + a_0$$

と置きました．つまり，b_1 は $(a_7 a_6 a_5 a_4)_2$ を，b_0 は $(a_3 a_2 a_1 a_0)_2$ をそれぞれ 10 進数に変換した値になっています．

以上をまとめると，次のことがいえます．

- 2 進数を低い桁から 4 ビットずつのセットに分割し，それぞれのセットを 10 進数に変換し，（必要なら 10 → A, 11 → B などの置換えを行ったうえで）並べ直せば 16 進数に変換できる．
- 16 進数の各桁を 4 桁の 2 進数に変換し，そのまま並べ直せば 2 進数に変換できる．

これは，16 が 2 のべき乗である（$16 = 2^4$）という関係性から成り立つ便利な変換法で，2 進数の 4 桁分を 1 桁で表記できることから，表記の簡略化のためによく使用されます．

小数点以下の数値表現

これまで，自然数を r 進数の位取り記数法で表現する方法を見てきました．10 進数の場合，小数点以下の桁を考えることで，1 よりも小さい小数を表現できることを思い出してください．例えば，10 進数の 0.567 は

$$(0.567)_{10} = 5 \times 0.1 + 6 \times 0.01 + 7 \times 0.001 = 5 \times 10^{-1} + 6 \times 10^{-2} + 7 \times 10^{-3}$$

と書くことができます．これにならい，r 進数による小数は位取り記数法を以下

例題❷-④　10進数⇒2進数

10進数30を2進数に変換しなさい.

解答

図2・5の手順に従い，$(30)_{10}$ の2進数表示として $(11110)_2$ が得られます.

			【簡略記法】	
30÷2＝15	余り 0	(a_0)	2) 30	… 0
15÷2＝ 7	余り 1	(a_1)	2) 15	… 1
7÷2＝ 3	余り 1	(a_2)	2) 7	… 1
3÷2＝ 1	余り 1	(a_3)	2) 3	… 1
1÷2＝ 0	余り 1	(a_4)	2) 1	… 1
			0	

図2・5　10進数→2進数の変換法

□

例題❷-⑤　2進数⇔16進数の変換

(1) 2進数1011011001を16進数に変換しなさい.

(2) 16進数1E2を2進数に変換しなさい.

解答

(1) 1011011001を右から4ビットずつに分割すると0010, 1101, 1001となり，これらは16進数で2, 13 (＝D), 9となります．したがって，求める16進数は $(2D9)_{16}$ となります（図2・6).

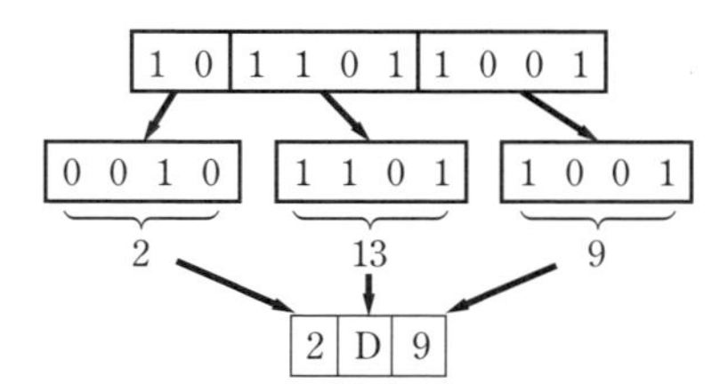

図2・6　2進数から16進数への変換

(2) $(1E2)_{16}$ の各桁を4ビットの2進数に直すと

$$(1)_{16}=(0001)_2,\quad (E)_{16}=(14)_{10}=(1110)_2,\quad (2)_{16}=(0010)_2$$

となります．これらをつなげると $(000111100010)_2$ となりますが，最上位の0は省略できるので，求める2進数は $(111100010)_2$ となります．□

のように拡張します．

$$(0.b_1b_2\cdots b_m)_r = b_1\times r^{-1} + b_2\times r^{-2} + \cdots + b_m\times r^{-m} \tag{2・4}$$

$$b_j\in\{0, 1, 2,\cdots, r-1\} \quad (j=1, 2, \cdots, m)$$

さらに，式（2・2）の整数部を合わせて記述すれば，式（2・5）が得られます．

$$\begin{aligned}(a_{n-1}\cdots a_1a_0.b_1b_2\cdots b_m)_r &= (a_{n-1}\cdots a_1a_0)_r + (0.b_1b_2\cdots b_m)_r\\ &= a_{n-1}\times r^{n-1} + \cdots + a_1\times r^1 + a_0\times r^0\\ &\quad + b_1\times r^{-1} + b_2\times r^{-2} + \cdots + b_m\times r^{-m}\end{aligned} \tag{2・5}$$

$$a_i\in\{0, 1, 2,\cdots, r-1\} \quad (i=0, 1, \cdots, n-1)$$

$$b_j\in\{0, 1, 2,\cdots, r-1\} \quad (j=1, 2, \cdots, m)$$

次に，小数点以下の桁を含む数値の基数変換を考えましょう．整数の場合と同様に，r 進数で記述された小数は，式（2・4）や式（2・5）の右辺を 10 進数の演算とみなして計算することで 10 進数に変換することができます．そこで，以下では簡単のため $r=2$ とし，10 進数で表記された小数を 2 進数に変換する方法について説明します．

与えられた 10 進数表記の小数は，以下のように整数部と小数部に分けることができます．

$$(a_{n-1}\cdots a_1a_0.b_1b_2\cdots b_m)_{10} = (a_{n-1}\cdots a_1a_0)_{10} + (0.b_1b_2\cdots b_m)_{10}$$

整数部 $A=(a_{n-1}\cdots a_1a_0)_{10}$ を 2 進数に変換する方法は例題❷-④で述べた通りですので，残るは小数部 $B=(0.b_1b_2\cdots b_m)_{10}$ の変換です．いま，小数 B の 2 進数表記が

$$B=\alpha_1\times 2^{-1} + \alpha_2\times 2^{-2} + \cdots + \alpha_l\times 2^{-l} + \cdots$$

と書けるものとすれば，両辺を 2 倍すると

$$2\times B=\alpha_1 + \alpha_2\times 2^{-1} + \cdots + \alpha_l\times 2^{-l+1} + \cdots$$

となり，$2\times B$ の整数部として α_1 を取り出すことができます．これが B を 2 進数で表記したときの小数第 1 位の値となります．残りの小数部を B_1 と書けば

$$B_1=\alpha_2\times 2^{-1} + \cdots + \alpha_l\times 2^{-l+1} + \cdots$$

となりますので，これをまた 2 倍すると

$$2\times B_1=\alpha_2 + \alpha_3\times 2^{-1} + \cdots + \alpha_l\times 2^{-l+2} + \cdots$$

となり，$2\times B_1$ の整数部として α_2 を取り出すことができます．これが B を 2 進数で表記したときの小数第 2 位の値となります．以上の操作を小数部がゼロになるまで繰り返し実行すると完全な 2 進数表現を得ることができます．ただし，この処理は有限回で終了する保証はないことに注意してください．

例題❷-⑥ 小数を含む数値の基数変換

(1) 2 進数 1011.11 を 10 進数に変換しなさい.

(2) 10 進数 25.6875 を 2 進数に変換しなさい.

解答

(1) 式 (2.5) から

$$(1011.11)_2 = 1\times 2^3 + 0\times 2^2 + 1\times 2^1 + 1\times 2^0 + 1\times 2^{-1} + 1\times 2^{-2}$$
$$= (11.75)_{10}$$

(2) 整数部 $A=25$ を 2 進数に変換すると, $(25)_{10}=(11001)_2$

一方, 小数部 $B=0.6875$ については以下の手順で 2 進数に変換します.

・まず B を 2 倍します ($2\times B=1.375$).
ここで, 1.375 の整数部 1 を小数第 1 位として採用し, 小数部 0.375 を次の処理に渡します.

・$B_1=0.375$ として B_1 を 2 倍します ($2\times B_1=0.75$).
ここで, 小数第 2 位として整数部 0 を採用し, 小数部 0.75 を次の処理に渡します.

・$B_2=0.75$ として B_2 を 2 倍します ($2\times B_2=1.5$).
ここで, 小数第 3 位として整数部 1 を採用し, 小数部 0.5 を次の処理に渡します.

・$B_3=0.5$ として B_3 を 2 倍します ($2\times B_3=1.0$).
ここで, 小数第 4 位として整数部 1 を採用します. 小数部がゼロになったため処理を終了し, $(0.6875)_{10}=(0.1011)_2$ を得ます.

以上により, 整数部と小数部双方の 2 進数への変換結果を踏まえて, 最終結果を $(25.6875)_{10}=(11001.1011)_2$ とします. □

3 数値データの表現

これまで見てきたように，コンピュータにおいて数を扱う基本となるのは2進数表現です．しかしながら，一般に整数を扱うには負の数の表現方法を考慮しておかなければなりません．また，実数による演算をコンピュータで実現するためには，精度の高い小数の表現方法が必要になります．本節では，これらの方法について説明します．

整数の表現

コンピュータにおいて負の数を表現する方法として，**絶対値表現**と**補数表現**を取り上げます．

〔1〕 絶対値表現

絶対値表現では，最上位のビットで符号（+または−）を表現します．数値を8ビットで表現する場合の例を図**2・7**に示します．最上位のビットが0であれば正の値を，1であれば負の値を表します．また，絶対値に相当する数値部分は，残りの7ビットを使って2進数で表現します．7ビットで表せる数値は0〜127ですから，8ビットの絶対値表現は−127〜127までを表すことができます．ただし，表**2・3**に見るように，0に相当する符号が2通り存在することになります．

〔2〕 補数表現

正数Aに対して$-A$とは$A+B=0$を満たす数Bとして特徴付けられます．同じように，2進数$(A)_2$に対して$(A)_2+(B)_2=(0)_2$を満たす2進数$(B)_2$によって$-A$を表現する方法を**2の補数**表現と呼びます．ただし，右辺の$(0)_2$は有効桁数を考慮した場合の0であり，例えば有効桁数が4桁であれば，繰上がりが生じて下位4ビットが0になった$(10000)_2$のことを指すと考えます．また，このように計算の結果が有効桁数を超えてしまうことを，**オーバフロー**と呼びます．

では，2進数$(A)_2$が与えられたとき，足し算を行って有効桁がすべて0になるような2進数$(B)_2$をどのように求めればよいでしょうか．図**2・8**に有効桁数が8ビットの事例を示します．この例に示すように，2の補数は二つのステップを経て求めることができます．まず，$(A)_2$に対してのすべての桁をビット反転させた2進数$(C)_2$をつくります．こうすると，$(A)_2+(C)_2=(11111111)_2$を実現

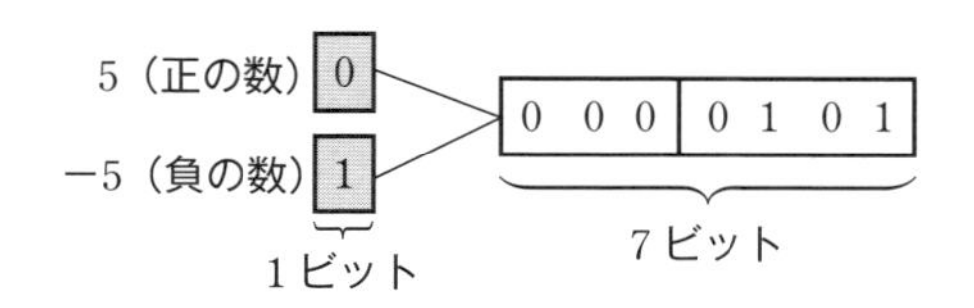

図2・7　絶対値表現

表2・3　負数表現の比較（8ビットの場合）

10進数	絶対値表現	補数表現	
		1の補数	2の補数
−128	—	—	10000000
−127	11111111	10000000	10000001
−126	11111110	10000001	10000010
⋮	⋮	⋮	⋮
−2	10000010	11111101	11111110
−1	10000001	11111110	11111111
0	10000000 00000000	11111111 00000000	00000000
1	00000001	00000001	00000001
2	00000010	00000010	00000010
⋮	⋮	⋮	⋮
126	01111110	01111110	01111110
127	01111111	01111111	01111111

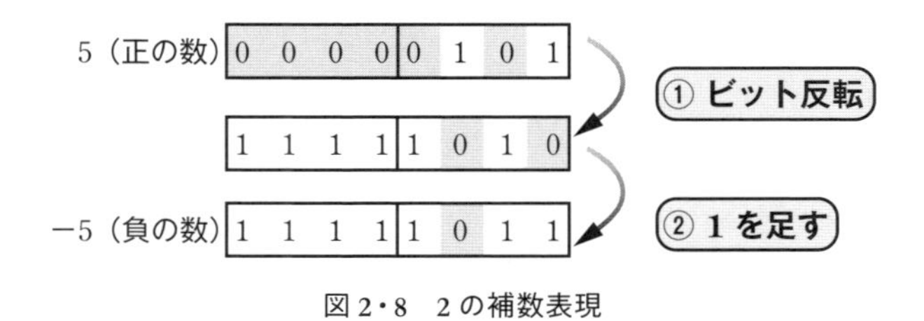

図2・8　2の補数表現

することができます．次に，得られた$(C)_2$に1を足したものを$(B)_2$とします．すなわち，$(B)_2=(C)_2+(1)_2$とします．すると

$$(A)_2+(B)_2=(A)_2+(C)_2+(1)_2=(11111111)_2+(1)_2=(100000000)_2$$

が成立し，有効桁数が8桁であることを考慮して，最上位ビットを無視すれば，右辺は$(0)_2$となります．このことから，$(B)_2$が$(A)_2$に対する2の補数$(-A)_2$になっていることがわかります．

以上をまとめると，2の補数$(-A)_2$は，次の2ステップから求められます．

(i) 2進数$(A)_2$のすべての桁をビット反転する．

(ii) (i)で得られた2進数に1を足す．

なお，2の補数の計算にあたり，ステップ(i)で$(A)_2$をビット反転した2進数$(C)_2$を求めますが，この2進数$(C)_2$のことを**1の補数**と呼び，これによって負の数を表現する流儀もあります．表2·3に，8ビット2進数における，絶対値，1の補数，2の補数による負数表現の比較を示します．絶対値，1の補数は0の表現が2通り存在して冗長であるのに対し，2の補数は0の表現が1通りで，その分，マイナス側の範囲が一つ多く表現できます．

浮動小数点数による小数の表現

コンピュータで小数を表示する方法としては，限られたビット数でより広い範囲をカバーできる**浮動小数点数**が標準的です．浮動小数点数とは，実数Aが与えられたとき，これを

$$A=\pm M\times 2^E$$

の形で表現する数のことです．ここで，Mを**仮数**（Mantissa），Eを**指数**（Exponent）と呼びます．コンピュータ内部でこれを表現する際には，±の符号部とMの仮数部，およびEの指数部に適切なビット数を割り当てて2進符号化します．

以下，簡単のため基数を10とする10進表記を用いて説明します．例えばAを123.45とするとき，$A=1.2345\times 10^2$と書けることから，$M=1.2345$, $E=2$とすればAの浮動小数点表示が得られます．しかしこの表現は一意的ではなく，いま仮数部に（±の符号を除いて）5桁が割り当てられているとすれば

$$A=1.2345\times 10^2=12.345\times 10^1=123.45\times 10^0$$
$$=1234.5\times 10^{-1}=12345\times 10^{-2}$$

はすべて同じ数値の浮動小数点表示になります．このように，指数Eの大きさ

例題❷-⑦ 2の補数表示

(1) $(87)_{10}$, $(-23)_{10}$ を2の補数表示に基づいて8ビットの2進符号に変換しなさい.

(2) 2の補数表示を用いて, $(87)_{10}-(23)_{10}$ を計算しなさい.

解答

(1) 例題❷-④にならって $(87)_{10}$ を2進数に変換すると, $(87)_{10}=\underline{(01010111)_2}$, 同様に, $(23)_{10}=(00010111)_2$ であるから, 2の補数表示により

$$(-23)_{10}=(11101000)_2+(1)_2=\underline{(11101001)_2}$$

となります.

(2) 2の補数表示を用いると, 次のように引き算を足し算として計算できます.

$$(87)_{10}-(23)_{10}=(87)_{10}+(-23)_{10}=(01010111)_2+(11101001)_2$$

ここで, 上の計算は

$$\begin{array}{r} 0\ 1\ 0\ 1\ 0\ 1\ 1\ 1 \\ +\ \ 1\ 1\ 1\ 0\ 1\ 0\ 0\ 1 \\ \hline 1\ 0\ 1\ 0\ 0\ 0\ 0\ 0\ 0 \end{array}$$

となりますが, 有効桁数が8ビットであることから, 繰上がりの桁を無視して, 下位8ビットを抜き出すと

$$(87)_{10}-(23)_{10}=(01000000)_2=1\times2^6=\underline{(64)_{10}}$$

が得られます. □

を変えると仮数 M の小数点の位置がずれるのが浮動小数点数の特徴です．浮動小数点数の表現を一意に決めるには小数点の位置をあらかじめ決めておく必要があります．例えば，最上位の桁の直前に小数点が来るような表記を基準に定めるならば，先の実数 A は $A=0.12345\times10^3$ となり，$M=0.12345$, $E=3$ として一意に表現できます．このように，浮動小数点数を決められた基準に合うように変換することを正規化と呼びます．

浮動小数点表示では仮数部 M と指数部 E を有限桁数で表すことから，M と E の取り得る値が離散的となり，実数値 A と浮動小数点数 $M\times2^E$ との間には数値表現上の誤差が生じます．これを**丸め誤差**と呼びます．丸め誤差は浮動小数点同士の演算においても発生します．例えば，仮数部 M の有効桁数が2桁であるとすれば

$$0.1\times10^4-0.5\times10^1=0.1\times10^4-0.0005\times10^4=0.995\times10^3$$
$$\fallingdotseq0.99\times10^3$$

のように，仮数部の桁数が丸められた結果，演算誤差が生じてしまいます．

浮動小数点表示で表現できる数値の範囲を**図 2･9** に示します．この図からわかるように，浮動小数点数では，0周辺の絶対値が非常に小さな数値と逆に絶対値が非常に大きな数値を表現することができません．数値計算において，浮動小数点数で表現できないほど絶対値の小さな値が表れることを**アンダフロー**，逆に絶対値が大きな値が表れることを**オーバフロー**と呼びます．例えば，仮数部に5桁，指数部に1桁（いずれも±の符号を除く）が割り当てられているものとします．このとき，浮動小数点表示で表現できる数のうち，絶対値が最小となる数は $\pm0.00001\times10^{-9}=\pm1\times10^{-15}$ であり，これよりも絶対値の小さい数を扱うことができません．同様に，絶対値が最大となる数は $\pm0.99999\times10^9$ であり，これよりも絶対値の大きい数を扱うことができません．

実際に利用されている浮動小数点表示の事例として，**図 2･10** に IEEE で規定されている32ビット浮動小数点数（**IEEE754 方式**）を示します．この例では，符号部に1ビット，指数部に8ビット，仮数部に23ビットが割り当てられています．ここで，仮数部の整数には表2･3に示した絶対値表現が使用されています．ただし，2進数の場合，正規化を行うことで最上位ビットが常に1になることが保証されるため，これを記憶せずに有効桁数を事実上1ビット分増やして使用することが可能となります（この表現方法を**ケチ表現**と呼びます）．その結果，仮

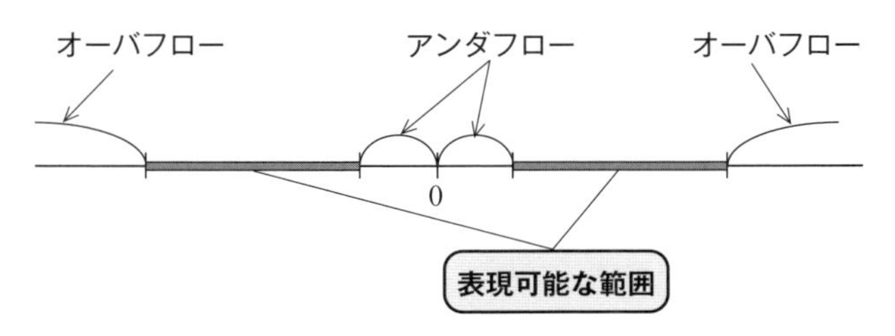

図 2・9　浮動小数点表示で表現できる範囲

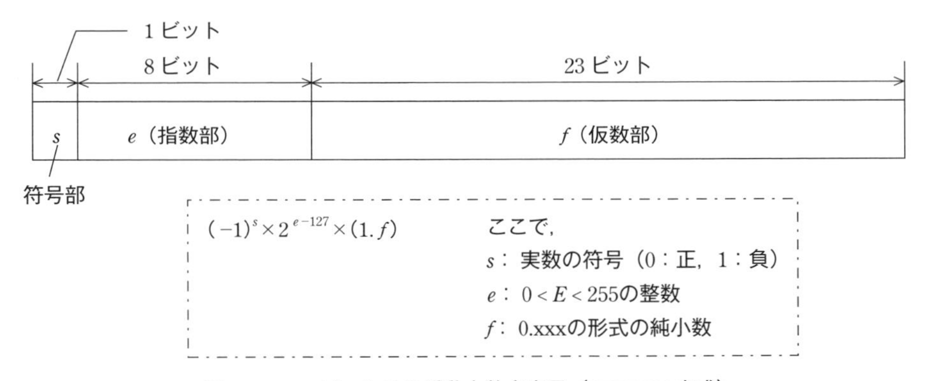

図 2・10　32 ビット長の浮動小数点表示（IEEE754 方式）

数部の表現は $(-1)^s \times (1.f)$ となり，通常の正規化のときのように $0.f$ とはなっていない点に注意してください．また，指数部の整数には，計算上の利点から表2･3のいずれとも異なる**バイアス表現**（**ゲタばき表現**ともいいます）が使用されます．これは，**表2･4**に示すように，符号なし整数表現をベースとして中間値（127）がゼロとなるように値をシフトすることで負の数を表現する方法です．結果として仮数部と指数部を合わせた最終的な浮動小数点の表現式は

$$(-1)^s \times 2^{e-127} \times (1.f)$$

となっています．

この方式では，指数の0と255は特殊な表現のために使用されるため，$E=e-127$ の取り得る値の範囲は $-126 \leqq E \leqq 127$ であり，指数部の表現できる範囲は $2^{-126} \leqq 2^E \leqq 2^{127}$ となります．これは10進数に直せば

$$1.17549 \times 10^{-38} \sim 1.170141 \times 10^{38}$$

の範囲を表します．また，仮数部 $1+f$ は実質 $24(=1+23)$ ビットであることから

$$(1+23) \times \log_{10}2 \fallingdotseq 7.2$$

なる計算により，10進表記で約7桁の有効桁数があることがわかります．

4 文字データの表現

コンピュータで文字データを扱うためには，数値データの場合と同様に，対象となるすべての文字を0と1からなる2進符号に変換しなければなりません．本節では，これを実現する**文字コード**について説明します．

文字コード表による2進符号化の考え方

文字データをコンピュータで扱うには，通常，すべての文字をどのような2進符号に対応させるかを規定したテーブルを用意し，これに基づいて2進符号への置換えが行われます．特定の文字に対応する2進符号を文字コード，その対応表を**文字コード表**と呼びます．文字データに何ビットのコードを割り当てるかは，表現したい文字の総数に応じて決める必要があります．一般に n ビットの文字コードは，2^n 個の文字を表現することができます．

文字コード表は各コンピュータが独自に決めてもよいのですが，異なるPC間で円滑にデータの交換を行うためには，標準化された文字コードを採用すること

表 2・4 指数部で使用されるバイアス表現

2進符号	対応する10進数		
	符号なし整数	バイアス表現	参考：2の補数
1111 1111	+255	+128	−1
1111 1110	+254	+127	−2
1111 1101	+253	+126	−3
⋮	⋮	⋮	⋮
1000 0001	+129	+2	−127
1000 0000	+128	+1	−128
0111 1111	+127	0	127
0111 1110	+126	−1	126
⋮	⋮	⋮	⋮
0000 0010	+2	−125	2
0000 0001	+1	−126	1
0000 0000	0	−127	0

例題❷-⑧ IEEE754の32ビット表現

−6.75をIEEE754の32ビットで表現しなさい．

解 答

6.75を2進数で表現すると

整数：6 → $(110)_2$

小数：0.75 → $(0.11)_2$

したがって，

$110.11 \rightarrow 1.1011 \times 2^2$

指数は2なので，バイアス表現にした129を8 bitの2進数にすると，

10000001

一方，仮数部は1.1011の小数点以下の部分なので，

1011

符号は−（マイナス）なので，32ビット表現は

1 100 0000 1101 1000 0000 0000 0000 0000

符号　指数部　仮数部

□

が望ましいといえます．

文字コードの種類

主な文字コードの種類を図 2･11 に示します．標準の文字コードには，1文字を7ビットまたは8ビットで表現する**1バイト系**の文字コードと16ビットで表現する**2バイト系**の文字コードがあります．

バイト（**Byte**）とは，半角文字1文字分の情報の大きさを示す単位です．例えば，英語を扱う場合，アルファベット（A～Z, a～z），数字（0～9），記号（#, $など），制御文字（改行コードなど）を表現できれば十分です．これらの記号は合わせて125個になりますので，7ビットあれば表現できます*．アメリカで広く使われる**ASCIIコード**はその一例で，1バイト=7ビットです．また，**JIS 8ビットコード**はASCIIコードを8ビットに拡張し，カタカナを使用できるようにした文字コードで，1バイト=8ビットとなります．なお，一般的には，1バイトは8ビットとして換算されます．

図 2･12 はASCIIコード表とその読み方について説明したものです．ASCIIコード表を用いた文字データの2進符号化の事例を例題❷-⑨に示します．

一方，コンピュータで日本語を扱いたい場合は8ビットでは足りません．日本語にはひらがなやカタカナだけでなく膨大な数の漢字があり，これらすべてに文字コードを割り当てる必要があるからです．例えば，2010年に改定された常用漢字表に記載されている漢字の数は2 136字，主要な漢和辞典に掲載されている漢字の総数は10 000字程度ですので，これらをカバーするには12～14ビットは必要と考えられます．このため，現在広く使用されている文字コードには2バイト（=16ビット）が使用されています．一般に，2バイトで表現される文字を全角文字と呼びます．日本語向けの2バイトコードには，全角文字と半角文字を混在して使う際の表現方法に応じて，**JISコード**，**シフトJISコード**，**EUCコード**などの種類があります．

また，近年では，国際標準化機構（ISO：International Organization for Standardization）で規定された**Unicode**（**ユニコード**）と呼ばれる多国語コードが広く用いられるようになりました．Unicodeは，日本語のみならず世界中のほぼすべ

＊　7ビットで表現できる文字の数は $2^7 = 128$ 個になります．

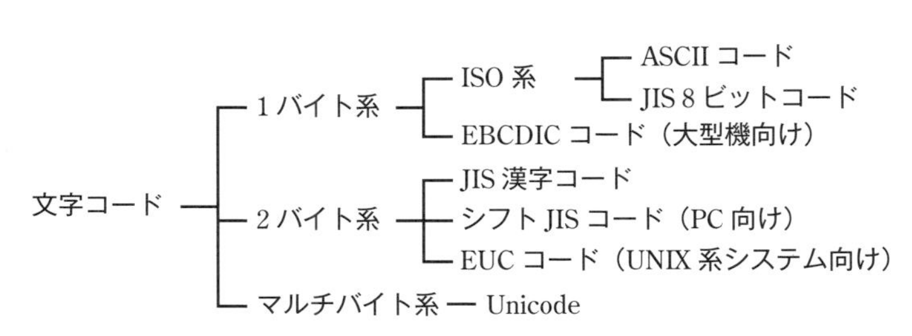

図 2・11　文字コード表の種類

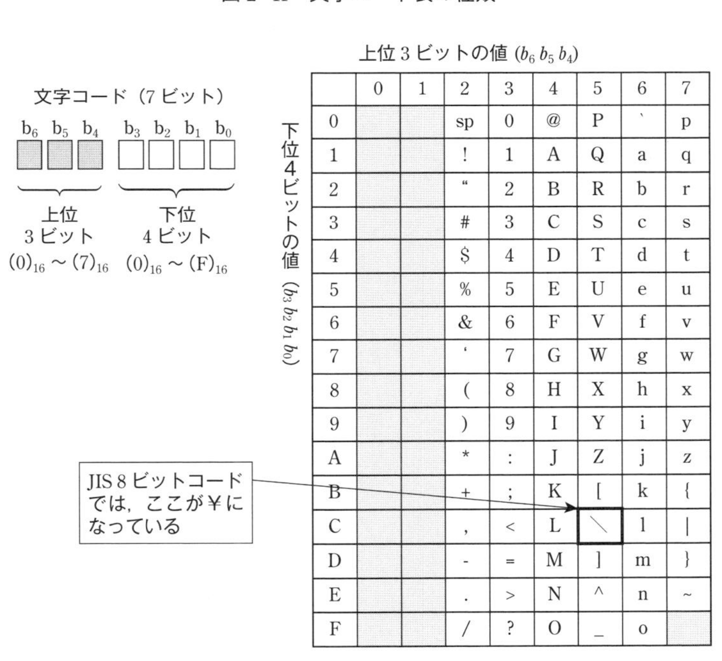

上位 3 ビットの値 ($b_6\,b_5\,b_4$)

下位4ビットの値 ($b_3\,b_2\,b_1\,b_0$)

	0	1	2	3	4	5	6	7
0			sp	0	@	P	`	p
1			!	1	A	Q	a	q
2			“	2	B	R	b	r
3			#	3	C	S	c	s
4			$	4	D	T	d	t
5			%	5	E	U	e	u
6			&	6	F	V	f	v
7			‘	7	G	W	g	w
8			(	8	H	X	h	x
9			)	9	I	Y	i	y
A			*	:	J	Z	j	z
B			+	;	K	[	k	{
C			,	<	L	＼	l	|
D			-	=	M	]	m	}
E			.	>	N	^	n	~
F			/	?	O	_	o	

図 2・12　ASCII コード表

例題❷-⑨　ASCII コードの符号化

ASCII コード表より，アルファベット大文字‘K’に対応する2進符号を求めなさい．

解　答

図 2･12 の ASCII コード表から，‘K’ に対応する文字コードの上位 3 ビットは $(4)_{16}$，下位 4 ビットは $(B)_{16}$ であることがわかります．よって

$$\text{‘K’ の文字コード} = (4B)_{16} = (1001011)_2$$

となります．ここで，$(4)_{16} = (100)_2$，$(B)_{16} = (1011)_2$ を利用しました．　□

ての言語をサポートしており，現在では2バイトを超えるマルチバイトに拡張されています．Windows NT系のOSやJavaなどでは，文字を表記する内部コードとしてUnicodeを採用しています．

5 音声・画像データの表現

一般に，実数によって表現される連続的な情報を**アナログ情報**と呼びます．自然界で観測される物理的な量（重さ，長さ，空間の位置，明るさ，電流，電圧など）の多くはアナログ情報です．アナログ情報の特徴は連続で切れ目がない点であり，例えば，0と1の間には0.5が，0と0.5の間には0.25が，0と0.25の間には0.125が…という具合に，どれだけ近い二つの数値の間にも別の数が存在します．このような連続的な情報は，コンピュータで扱うことができません．

一方，自然数（0以上の整数）と1対1に対応付けられる離散的な情報を**ディジタル情報**と呼びます．例えば，個数，番号，名前，文字などは典型的なディジタル情報です．先に述べたように，自然数は2進数に変換可能ですから，すべてのディジタル情報はコンピュータで扱えることになります．ディジタル情報にはさまざまなメリットがあります．**表2･5**にこれをまとめました．

私達がコンピュータで日常的に扱っている音声や画像は，もともとは**図2･13**のような波形で表せるアナログ情報です．本来コンピュータで扱えないはずのアナログ情報をどのようにしてコンピュータで扱えるようにしているのでしょうか．本節では，音声・画像のようにアナログ波形として表されるデータを2進符号に変換する方法について説明します．

音声・画像データの2進符号化の流れ

音声・画像などのアナログ波形データをコンピュータで扱うためには，これを{0,1}からなる2進符号に変換する必要があります．アナログ波形データを2進符号化するための処理のステップを**図2･14**に示します．**A-D変換**は，アナログ情報を離散的なディジタル情報に変換するステップです．一般に音声や画像は，単にディジタル化しただけでは情報量が膨大になることから，次にこれを圧縮するステップが必要になります．これを**情報源符号化**と呼びます．さらに，情報を伝送・蓄積する際に雑音の影響でビットが反転することがあっても，これを検知

表 2・5　ディジタル情報のメリット

高精度	アナログよりも精度の高い信号表現ができる
低コスト	アナログ回路よりもコストが安い
安定性・再現性・信頼性	雑音の影響を受けづらく，安定性・再現性・信頼性に優れる
統一性	数値・文字・音声・画像などの多様な情報を統一的に扱うことができる
加工容易性	コンピュータによる高度な編集作業が容易
コンパクト性	アナログ方式よりも回路規模が小さく，機器がコンパクトになる

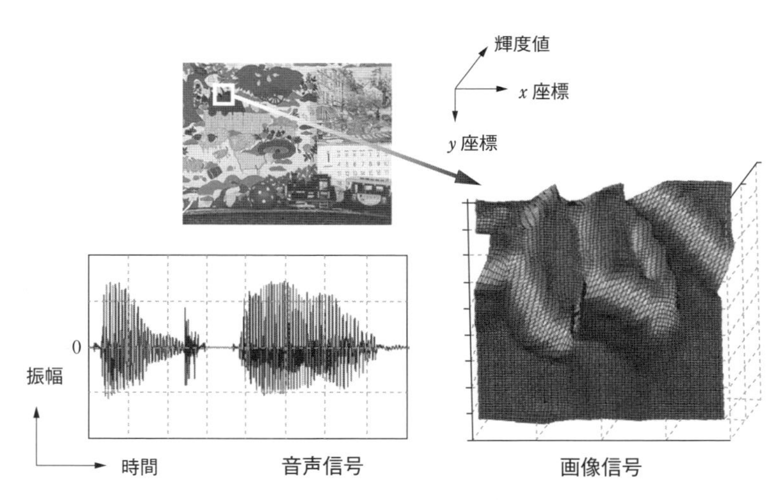

図 2・13　音声信号と画像信号

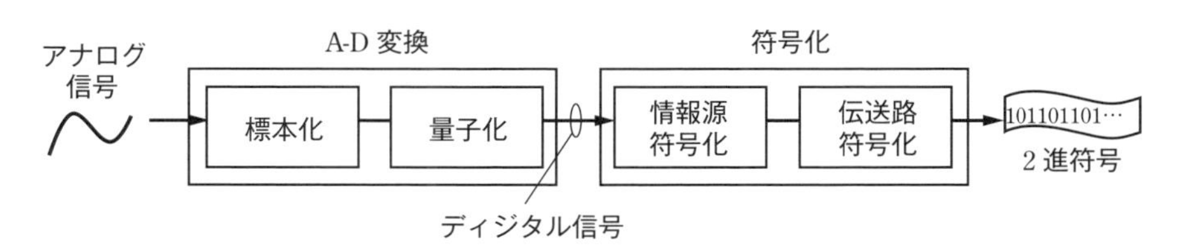

図 2・14　アナログ波形の 2 進符号化

したり，訂正したりできるように，冗長な符号を付加してデータを保護します．これを**伝送路符号化**と呼びます．次項以降では，それぞれの処理ブロックの詳細について説明します．

ディジタル情報への変換－ A-D 変換

簡単のため，図 **2・15**（a）に示す一次元の波形を例として説明します．この波形は，時間軸 t と波形軸 x の双方で連続値を取るアナログ情報と考えられます．このようなアナログ波形を離散的なデータに変換するためには，時間軸の離散化（標本化）と波形軸の離散化（量子化）という二つのステップが必要になります．

〔1〕 標本化

図 2・15（a）のアナログ波形 $x=f(t)$ は，$0 \leqq t \leqq T$ を満たすすべての実数 t に対して値を取る連続な関数であるため，無限に存在する波形値 $f(t)$ をすべて記憶することは不可能です．そこで，時間軸に対して $n+1$ 個の点 t_0, t_1, t_2, t_n を等間隔（標本間隔）に取り，これを標本点とします．そして，標本点上の波形値 $f(t_0)$，$f(t_1)$，$f(t_2)$，…，$f(t_n)$ によって波形を近似的に表現します．このように時間軸の離散化を行う操作を**標本化**（sampling）と呼びます．

図 2・15（b）からわかるように，標本間隔 Δt を小さくとるほど元の波形を忠実に表現することができますが，その分標本化点の数が増えるためディジタル化後の情報量が増大します．シャノンの**標本化定理**によれば，原信号に含まれる最大周波数が W〔Hz〕であるとき，標本間隔を $\Delta t \leqq 1/(2W)$ となるように取れば，離散化したデータから元のアナログ波形を完全に再構成できることが知られており，適切な Δt を決める際の目安として使用されます．

〔2〕 量子化

標本化して得られた図 2・15（b）の波形値 $f(t_0)$, $f(t_1)$, $f(t_2)$, …, $f(t_n)$ は一般に実数値を取りますが，コンピュータでは無限の精度をもつ実数値を扱うことができません．このため，各波形値を有限精度で近似的に表現する必要があります．例えば 3 ビット精度で波形を表現する場合は，まず波形値の取り得る値を 0 ～ 7 の 8 レベルに分割し，各レベルの代表値 l_0, l_1, …, l_7 を定めます．そのうえで，与えられた波形値 $f(t_0)$, $f(t_1)$, $f(t_2)$, …, $f(t_n)$ をおのおのが最も近い代表値に置き換えます．これを波形値の丸め処理といいます．このように波形値に対して離散化を行う操作を**量子化**（quantization）と呼びます．また，波形値を分割する

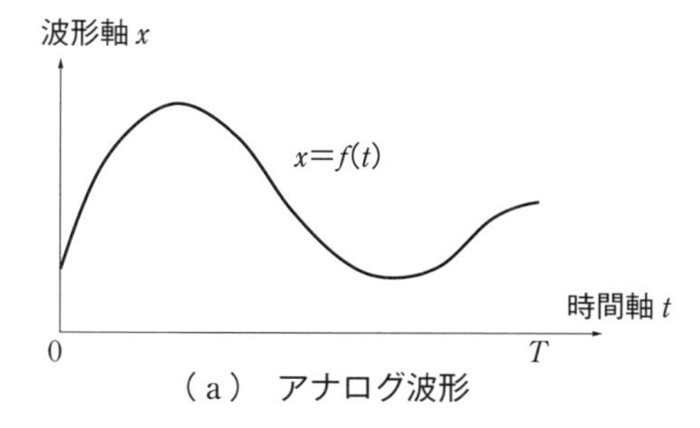

（a） アナログ波形

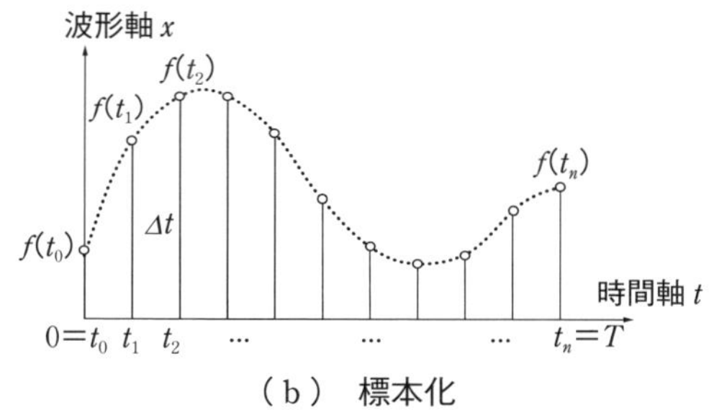

（b） 標本化

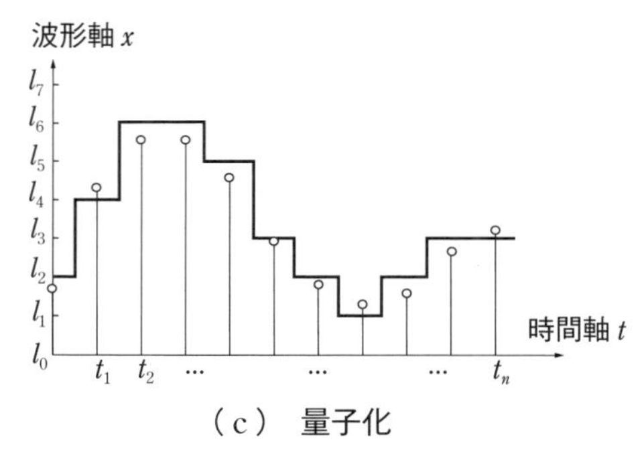

（c） 量子化

図 2・15 A–D 変換の例

レベル数を**量子化レベル**と呼びます．一般に n ビット精度で量子化を行う場合，量子化レベルは 2^n となります．

量子化は，代表値への丸め処理を行う際に必ず誤差を伴います．図2･15（c）に見るように，量子化レベルを増やすにつれて元の波形を忠実に再現できるようになりますが，その分情報量は増大していきます．量子化は標本化とは異なり不可逆な処理であるため，量子化誤差によって一度失われた情報は一般には元に戻すことができません．したがって，ディジタル化した波形をどのような用途に使用するかに応じて，それぞれ適切な量子化レベルを設定する必要があります．一般に，音声（オーディオ）の符号化には1標本当たり16ビット，画像の符号化には1標本当たり8ビット精度の量子化がよく利用されています．

情報の圧縮と誤りの検出・訂正——情報源符号化と伝送路符号化

A-D変換でディジタル化された信号は，有限精度で表現できる代表値の数列と考えられるため，各代表値を単純に2進符号に置き換えれば，アナログ波形の2進符号化が実現できます．これを**PCM**（Pulse Code Modulation）**符号化**と呼びます．しかしながら，一般に音声や画像のデータは情報量が大きく，そのままの形では通信や蓄積に利用しづらいという問題があります．このため，音声や画像を2進符号化する際には，**情報の圧縮**と**誤りの検出・訂正**が合わせて行われるのが一般的です．両者の符号化処理を区別する場合，前者を情報源符号化，後者を伝送路符号化と呼びます．

〔1〕情報の圧縮（情報源符号化）

音声や画像のデータは，もともと連続な波形を離散化したものですから，隣り合った標本同士の数値はよく似た値を取ると考えられます．このような信号を冗長性が高いといいますが，この性質を利用すれば標本点の波形値が周囲の波形値からある程度統計的に予測できることになります．そこで，波形値そのものでなく予測値と実際の波形値との差分情報を符号化することにより，情報量を大幅に削減することができます．近年の音声・画像符号化では，上で述べた予測符号化をはじめ，信号の冗長性を利用したさまざまな圧縮技術が適用され，高い**圧縮率**の実現が可能になっています．

現在よく利用される音声と画像の圧縮法を**表2･6**にまとめます．情報圧縮には，圧縮→伸長後に原信号が完全に復元できる**可逆圧縮**と，データにある程度の

表 2・6　主な画像・音声圧縮標準

		圧縮方式		備　考
		名　称	アルゴリズム	
画像	可逆圧縮	GIF	LZW	256色までの画像に対応，イラスト，アイコン画像向き
		PNG	Deflate	フルカラー画像に適用
	非可逆圧縮	JPEG	DCT＋ハフマン符号	圧縮率 1/5 ～ 1/10 程度
		JPEG 2000	ウェーブレット変換＋算術符号	圧縮率 1/20 程度
映像	非可逆圧縮	MPEG-2	動き補償（MC）＋DCT	圧縮率は 1/20 ～ 1/40 程度
		H.264/AVC		圧縮率は 1/100 程度
音声	非可逆圧縮	MP3	帯域分割フィルタ＋MDCT＋ハフマン符号化	MPEG Audio Layer-3，圧縮率は 1/10 程度
		AAC		圧縮率は 1/20 程度

コラム　リードソロモン符号

m ビットの 2 進符号をまとめて 1 つのシンボルとするとき，データを一連のシンボル列とみなすことができます（$m=8$ のときは，「1 シンボル」＝「1 バイト」となります）．

リードソロモン符号は，このようなシンボル列に対して，シンボル単位で誤り訂正を行うことを特徴とする誤り訂正符号です．シンボル単位の処理が基本になりますので，送りたい情報に対して，誤り訂正のために付加する情報もまたシンボル単位となり，これを**冗長シンボル**と呼びます．

いま，送りたい情報のシンボル数を K 個，誤り訂正のために付加する冗長シンボル数を $2T$ 個（偶数）とすると，最終的に送信するシンボルは

$$N=K+2T \quad 〔個〕$$

となり，この場合は最大で T 個までのシンボル誤りを訂正することができます．

なお，シンボル内にビット誤りがいくつ含まれていても，シンボル単位でみれば 1 シンボルの誤りに過ぎないことから，リードソロモン符号は特に連続して起こるビット誤り（バースト誤りといいます）に強いとされており，地上デジタル放送，衛星通信などの無線系のサービスや CD，DVD，BD などの記憶媒体に対する誤り訂正方式としてよく使用されています．

誤差が生じることを許容して高い圧縮率を実現する**非可逆圧縮**があります．音声や映像の場合，データに多少の誤差が生じても視覚や聴覚の特性から大きな影響が出ないため，圧縮率の高い非可逆圧縮が積極的に用いられる傾向があります．

例題❷-⑩では，画像データの可逆圧縮に使用される**PNG**（Portable Network Graphics）と非可逆圧縮に使用される**JPEG**（Joint Photographic Experts Group），**JPEG 2000**との間で圧縮率の比較を行っています．例題の結果から，JPEG，JPEG 2000のほうがPNGよりも圧倒的に圧縮率が高いことがわかります．PNGには可逆圧縮という制約があるため，圧縮率に限界があるためです．また，数値だけを見るとJPEG 2000よりもJPEGのほうが圧縮率が高いように見えますが，非可逆圧縮の場合はひずみを許せば圧縮率をいくらでも上げることができるため，画質と合わせて議論する必要があります．図2･17（b），（c）は同じ原画像（図2･17（a））を約0.5 bppとなるようにJPEGとJPEG 2000でそれぞれ圧縮した画像です．この例では，圧縮率はJPEG 2000のほうがやや高いにもかかわらず，JPEGよりもひずみのない良好な画像が得られていることがわかります．このことは，JPEG 2000の圧縮効率の高さを示しています．

〔2〕誤りの検出・訂正（伝送路符号化）

情報源符号化により圧縮されたデータは，元のディジタルデータよりも1ビットの占める情報の割合が高くなっています．このため，データ伝送時に**ビット誤り**が発生した場合には，非圧縮信号に比べてより深刻な影響が現れることになります．このため，圧縮された音声や画像のデータを伝送・蓄積して実際のサービスに適用する場合には，元のデータに冗長ビットを付加することで，雑音に伴うビット誤りを検出ないし訂正できるような工夫を行います．このとき，ビット誤りを検出する目的で付加する冗長ビットを**誤り検出符号**，さらにビット誤りを訂正できる能力をもった冗長ビットを**誤り訂正符号**と呼びます．例えば，ディジタル放送で映像や音声を伝送する場合には，**リードソロモン符号**と呼ばれる強力な誤り訂正符号が用いられています．

例題❷-⑪では，最も基本的な誤り検出符号の例として**パリティ検査符号**を，また例題❷-⑫では，誤り訂正符号の例として**ハミング符号**を，それぞれ取り上げます．なお，例題❷-⑫中の演算子⊕は排他的論理和を表し，1を偶数個足すと0，奇数個足すと1となります．

例題❷-⑩ 画像の圧縮率

図 2･16 は，サイズが 256×256 画素，1 画素当たり 0 ～ 255 の 256 レベルで量子化されたグレイスケール画像（色のないモノクロの画像）です．この画像のデータサイズ〔バイト〕を計算しなさい．

また，この原画像を，PNG, JPEG, JPEG 2000 で圧縮したところ，圧縮後のファイルサイズがそれぞれ表 2･7 のようになりました．各圧縮手法の圧縮率と 1 画素当たりの符号量（bpp：bits per pixel）を求めなさい．

図 2・16　原画像（Cameraman）256 × 256 画素

表 2・7　圧縮後のファイルサイズ

PNG	41 016 Byte
JPEG	6 194 Byte
JPEG 2000	6 379 Byte

解 答

各画素が 256（$=2^8$）レベルで量子化されていることから，1 画素当たり 8 ビット（=1 バイト）で表現することができます．したがって，全画素に対する符号量は

（全画素に対する符号量）=（総画素数）×1 Byte

=256×256×1=65 536 Byte

となります．これを用いて各手法の圧縮率と画素当たりの符号量を計算します．

PNG：圧縮率=41 016 Byte/65 536 Byte≒0.626

画素当たりの符号量=41 016×8 bit/(256×256)≒5.001 bpp

JPEG：圧縮率=6 194 Byte/65 536 Byte≒0.0945

画素当たりの符号量=6 194×8 bit/(256×256)≒0.756 bpp

JPEG 2000：圧縮率=6 379 Byte/65 536 Byte≒0.0973

画素当たりの符号量=6 379×8 bit/(256×256)≒0.779 bpp □

（a）原画像（Cameraman）8.00 bpp

（b）JPEG 0.501 bpp

（c）JPEG 2000 0.510 bpp

図 2・17　JPEG と JPEG 2000 の比較

例題❷-⑪　パリティ検査符号

ASCII コードに基づく文字データにパリティビットを付加して，誤り検出が可能なパリティ検査符号をつくります．ここで，パリティビットとは検査用に付加する1ビットの符号で，図 2･18 のように7ビットの ASCII コードの先頭または末尾にビット b_p を付加することにより，符号全体の{1}の個数が偶数となるように定めます*．このとき，文字データ‘A’，‘B’，‘C’について，先頭にパリティビットを付加したパリティ検査符号をそれぞれ求めなさい．

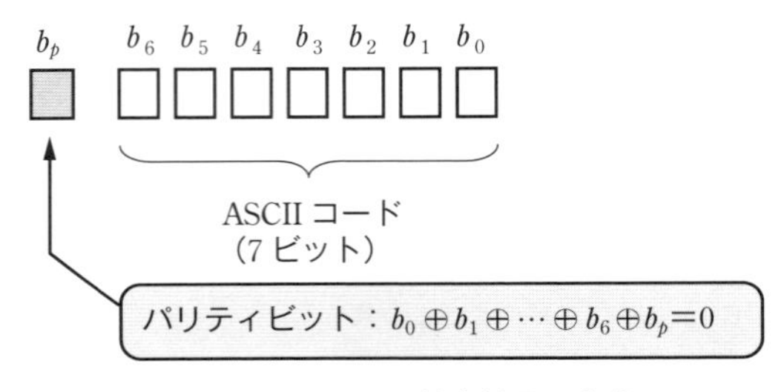

図 2･18　パリティ検査符号の生成

解答

図 2･12 の ASCII コード表より，‘A’のコードは

$$(41)_{16} = (1000001)_2$$

となります．よって，{1}が偶数個なので，$b_p = 0$.

また，‘B’のコードは

$$(42)_{16} = (1000010)_2$$

となります．よって，{1}が偶数個なので，$b_p = 0$.

最後に‘C’のコードは

$$(43)_{16} = (1000011)_2$$

となります．よって，{1}が奇数個なので，$b_p = 1$.

したがって，‘A’，‘B’，‘C’のパリティ検査符号はそれぞれ

01000001，01000010，11000011

となります．各符号に対して2ビット以上の誤りが生じない（またはその確率が非常に小さい）と仮定すれば，パリティ検査符号により1ビットまでの誤り検出が可能です．　□

＊　**偶数パリティ**と呼びます．$(1)_2$ の個数が奇数となるように定めてもよく，その場合は**奇数パリティ**と呼ばれます．

例題❷-⑫ ハミング符号

ハミング符号とは，データに冗長ビットを付加して，1ビットの誤りを訂正できるようにしたものです．ここでは，x_1, x_2, x_3, x_4 の4ビットからなるデータに，3ビットの冗長ビット p_3, p_2, p_1 を付加したハミング符号 $x_1 x_2 x_3 p_3 x_4 p_2 p_1$ を考えます．付加ビット p_1, p_2, p_3 はそれぞれ

$$x_1 \oplus x_3 \oplus x_4 \oplus p_1 = 0$$
$$x_1 \oplus x_2 \oplus x_4 \oplus p_2 = 0$$
$$x_1 \oplus x_2 \oplus x_3 \oplus p_3 = 0$$

となるように決めます．

いま，伝送路から受信したハミング符号が1110011であったとします．このとき，このハミング符号には誤りが存在するか判定しなさい．また，誤りがあった場合は，誤りビットを訂正したハミング符号を答えなさい．

解答

受信したハミング符号から

$$x_1 \oplus x_3 \oplus x_4 \oplus p_1 = 1 \oplus 1 \oplus 0 \oplus 1 = 1$$
$$x_1 \oplus x_2 \oplus x_4 \oplus p_2 = 1 \oplus 1 \oplus 0 \oplus 1 = 1$$
$$x_1 \oplus x_2 \oplus x_3 \oplus p_3 = 1 \oplus 1 \oplus 1 \oplus 0 = 1$$

となり，すべての式がハミング符号の条件を満たしていません．よって，受信した符号には誤りが存在することがわかります．また，三つの式すべての結果が誤っていることから，三つの式のすべてに登場する x_1 に誤りがあることがわかります．よって，正しい符号は x_1 のビットを反転した0110011となります． □

練習問題

【1】 次の2進数を10進数に変換しなさい.

(1) 10011　(2) 1001000　(3) 10010110

【2】 次の10進数を2進数に変換し，さらに16進数で表現しなさい.

(1) 25　(2) 162　(3) 231

【3】 本章2節「16進数との関係」の項の議論にならい，2進数と8進数の関係について考察しなさい．特に6桁の2進数 $(a_5 a_4 a_3 a_2 a_1 a_0)_2$ を2桁の8進数 $(b_1 b_0)_8$ で表すとき，b_1 と a_5, a_4, a_3，および b_0 と a_2, a_1, a_0 の関係を述べなさい.

【4】 次の整数を絶対値表現および2の補数表現を用いて8ビットの2進符号に変換しなさい.

(1) −7　(2) 24　(3) −88

【5】 ASCIIコード表を用いて，次の半角文字に対応する2進符号を求めなさい.

(1) $　(2) W　(3) j

【6】 受信したハミング符号が1110110であったとします．このとき，この符号に誤りがあるかを判定しなさい．もし誤りがある場合は誤りを訂正し，正しい符号を求めなさい.

3章 論理回路とCPU

➡コンピュータは0と1の二つの値を電気信号で扱うことにより，いろいろな情報を扱うことができます．この0と1だけの電気信号を扱う電子回路を論理回路といいます．この論理回路を複数組み合わせることで複雑な演算をさせることができます．

➡ここでは，コンピュータのハードウェアを構成する基本的な論理回路とその理論的基盤である数理論理学について説明します．さらに，コンピュータの中枢である中央演算処理装置（CPU）の構成とその動きについても説明をします．

1 ブール代数と論理回路

コンピュータは，大規模な**論理回路**（Logic Circuit）の集まりで，論理回路は0と1を扱う論理演算素子によって構成されています．論理演算素子の機能は，**論理演算**（Logic Operation）を基本にしており，その論理演算を基本的な演算とする数学（論理数学）の体系が**ブール代数**（Boolean Algebra）です．ここではコンピュータを理解するうえで必要な論理数学について説明します．

論理演算

論理とは思考や推理のつながり，または証明や論証のことです．**論理学**（Logic）とは人間の論理的な思考や体系を研究する学問です．そしてその論理学を数学的に扱う学問を**数理論理学**（Mathematical Logic）と呼びます．

数理論理学の一つ，**命題論理**（Propositional Logic）では，真偽（正しいか正しくないか）を判断できる事象を表す文を命題と呼び，命題同士を結び付ける「かつ」「または」「ならば」などの接続詞や，命題を否定する「ではない」などを**論理演算**と呼びます．

例えば，「今日は晴れています」「今日は月曜日です」という二つの命題があります．この命題を論理演算「かつ」によって組み合わせると，「今日は晴れていて，かつ，今日は月曜日です」となり，これを**複合命題**と呼びます．

複合命題の真偽は，論理演算と論理演算で結び付けられた元の命題の真偽によって，数学的に求めることができます．

論理演算の「かつ」「または」「ではない」は，それぞれ**論理積**（**AND**），**論理和**（**OR**），**論理否定**（**NOT**）と呼ばれ，これらは**基本論理演算子**といわれます．その他にも**排他的論理和**（**XOR**），**否定論理積**（**NAND**），**否定論理和**（**NOR**）などの論理演算子があります．また，これらの論理演算子は**表3·1**のような記号でも表記されます．

命題は，数学における変数のように，xやyなどの文字で表すことができ，これを**命題変数**もしくは単に**変数**と呼びます．また，命題の真偽は，真を1，偽を0で表し，この値を**真理値**（Truth Value）と呼びます．

論理式と真理値表

図3·1のように複数の命題変数と論理演算子で表現される式（複合命題）を**論理式**（Logical Formula）といいます．図3·1のように論理式には（ ）括弧が使用されることがありますが，この場合，括弧内の演算が先に行われます．なお，基本論理演算子の優先度は①（ ），②￣（NOT），③・（AND），④＋（OR）の順です．

論理式では，実際に変数に真理値（1か0）を割り当てたときにどのような結果（複合命題の真理値）になるかすぐにはわかりません．そこで，変数と論理式の真理値の関係を**図3·2**のような表で表します．これを**真理値表**（Truth Table）と呼びます．

図3·2（a）は真理値表の基本形です．左側に変数の真理値（入力）が，一番右に論理式の真理値（出力）が示されます．この入力と出力の関係によってどのような論理演算がなされているかを理解することができます．図3·2（b）は論理積（AND）の真理値表になります．変数aおよび変数bは入力を表し，0と1の組合せが4通りあります．その4通りの組合せに対する論理演算の結果として出力も0と1で表されています．この真理値表を見ることで入力にどのようなパターンが入れば，どのような出力が出てくるかがすぐにわかります．

その他の基本論理演算および論理演算の真理値表を**図3·3**に示します．論理積（AND）は入力がすべて1のときのみ出力が1になり，それ以外の出力は0となります．論理和（OR）は入力のどれかが1であれば，出力は1になります．論

表 3・1　論理演算と記号

記号（論理演算子）	論理演算
・または &	論理積（AND）
＋または｜	論理和（OR）
￣または～	論理否定（NOT）
⊕	排他的論理和（XOR）

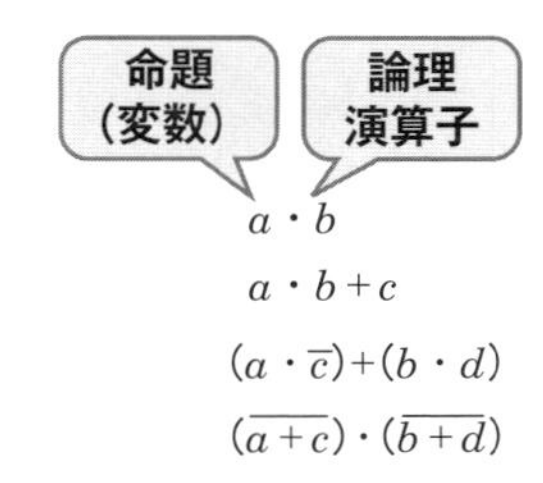

図 3・1　論理式

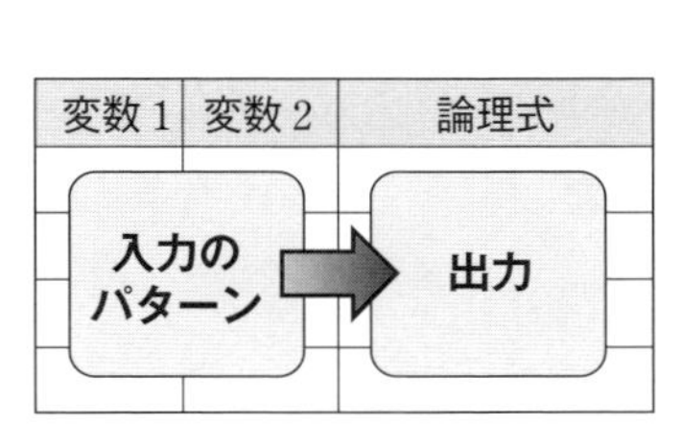

（a） 真理値表の基本形

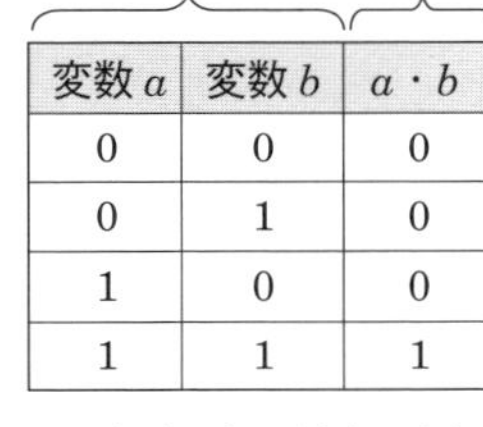

変数 a	変数 b	$a \cdot b$
0	0	0
0	1	0
1	0	0
1	1	1

（b） 真理値表の例

図 3・2　真理値表

変数 a	変数 b	$a \cdot b$
0	0	0
0	1	0
1	0	0
1	1	1

（a）論理積（AND）

変数 a	変数 b	$a + b$
0	0	0
0	1	1
1	0	1
1	1	1

（b）論理和（OR）

変数 a	$\overline{a}$
0	1
1	0

（c）論理否定（NOT）

変数 a	変数 b	$a \oplus b$
0	0	0
0	1	1
1	0	1
1	1	0

（d）排他的論理和（XOR）

変数 a	変数 b	$\overline{a \cdot b}$
0	0	1
0	1	1
1	0	1
1	1	0

（e）否定論理積（NAND）

変数 a	変数 b	$\overline{a + b}$
0	0	1
0	1	0
1	0	0
1	1	0

（f）否定論理和（NOR）

図 3・3　論理演算の真理値表

理否定（NOT）は，入力が1のとき出力は0に，入力が0のとき出力は1というように常に反対の出力となります．排他的論理和（XOR）は論理和と似ていますが，入力の値が同じときだけ出力は0となり，それ以外は1となります．否定論理積（NAND）は論理積の否定ですから，論理積と反対の出力となります．また同様に否定論理和（NOR）は論理和の否定ですので，論理和と反対の出力となります．

このように真理値表を見ることで，その論理演算がどのような入力のときにどのような出力になるかがわかります．

ブール代数

ブール代数（Boolean Algebra）は，1854年に**ジョージ・ブール**（George Boole）によって提唱された代数系で，命題論理を元にした数学の体系です．この数学体系は，数値として1と0だけを扱い，基本演算として，AND，OR，NOTの基本論理演算を用います．

命題論理も数学的に論理を扱う学問でしたが，「今日は晴れています」のような意味をもった文を命題としたり，「ならば」のような論理演算の意味解釈をめぐって，主観が分かれてしまうような問題があったため，あまり発展しませんでした．しかし，ブール代数では，変数は命題を表すものではなく，単なる数値（真理値）の入れ物であり，論理演算も単なる数値演算であるため，非常に客観的な数学体系として発展しました．

ブール代数には**図3･4**に示す公理と定理があります．ブール代数の公理は論理演算の基本的な決め事であり，定理は公理などによって証明されたものです．ブール代数では，この公理や定理を使うことで，複雑な論理式を簡単な式に変換することができます．

定理の一つに**ド・モルガンの法則**（De Morgan's Laws）があります．この法則は図3･4に示すように論理積（AND）と論理和（OR）を相互に変換する式です．この法則を使うことで論理式を論理積または論理和だけで表現することが可能となります．以上のような公理，定理を使うことで複雑な論理式の簡略化が可能となり，結果としてコンピュータのハードウェアを小さくすることが可能となります．

ブール代数では，**図3･5**のような関数を定義することができ，これを**論理関数**

〈公　理〉

・恒等則

$a \cdot 1 = a$

$a + 0 = a$

・交換則

$a \cdot b = b \cdot a$

$a + b = b + a$

・結合則

$(a \cdot b) \cdot c = a \cdot (b \cdot c)$

$(a + b) + c = a + (b + c)$

・分配則

$(a \cdot b) + c = (a + c) \cdot (b + c)$

$(a + b) \cdot c = (a \cdot c) + (b \cdot c)$

・相補則

$a \cdot \overline{a} = 0$

$a + \overline{a} = 1$

〈定　理〉

・べき等則，帰無則

$a \cdot a = a$

$a + a = a$

$a + 1 = 1$

$a \cdot 0 = 0$

・二重否定

$\overline{\overline{a}} = a$

・吸収則

$a \cdot (a + b) = a$

$a + (a \cdot b) = a$

$a \cdot (\overline{a} + b) = a \cdot b$

$a + (\overline{a} \cdot b) = a + b$

・ド・モルガンの法則

$\overline{a \cdot b} = \overline{a} + \overline{b}$

$\overline{a + b} = \overline{a} \cdot \overline{b}$

図 3・4　ブール代数の公理，定理

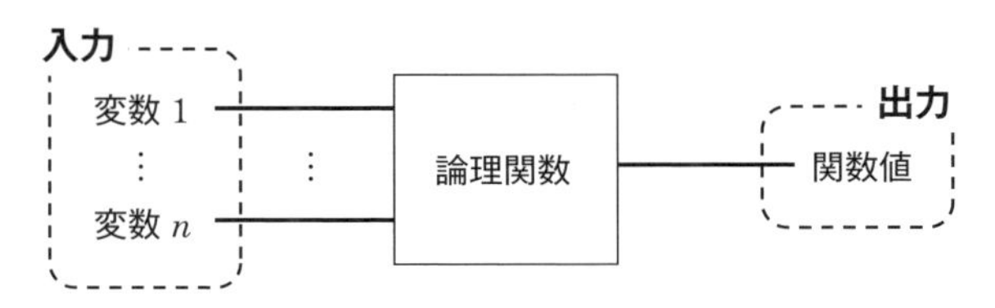

図 3・5　論理関数

（Logical Function）と呼びます．関数は，定義域の値（入力）を値域の値（出力）に対応付ける写像として定義されますが，ブール代数の場合，数値は1と0の二つしかありませんので，定義できる関数の数は，実数を扱う数学体系と比べると非常に少なく，2入力の場合，16個しか定義できません．さらに，これらの論理関数は，必ず論理演算を組み合わせた式で表現可能であることもわかっています．これは n 入力の場合でも同様で，任意の論理関数は論理式で表現できます．このような性質をもつ演算は**関数完全**（Functional Completeness）であるといいます．

1と0だけで表現された情報に対する任意の処理は，論理関数として定義することができます．例えば，2進数の演算や画像データの処理なども，論理関数として定義できることになります．そして，ブール代数の論理演算が関数完全であることから，2進符号で表現された情報に対する任意の処理は，論理式で実現可能であるといえるのです．

論理演算素子と論理回路

論理演算素子は論理演算を行うことができる素子であり，前述したAND（論理積），OR（論理和），NOT（論理否定）などに対応した演算素子があります．それぞれの素子は図3･6のような図記号で表します．この記号を**MIL記号**（Military Specification Standards Symbol）といいます．

論理演算素子の左側が入力，右側が出力となります．なお，論理演算素子の論理否定は丸印（○）だけで表現する場合もあります．例えば図3･6のNANDとNORは，AND，OR素子の出力にNOT素子がつながっているのと同じ意味となります．これらの論理演算素子を組み合わせてつくる電子回路は**論理回路**と呼ばれます．つまり，論理回路は論理式を表現した電子回路です．

図3･7（a）は $\overline{A}\cdot\overline{B}$ を表現しています．つまり，論理否定された入力 A と B がAND素子に入っている様子です．対して，図3･7（b）は $\overline{A\cdot B}$ を表しており，AND素子の出力が論理否定となっています．

$\overline{A}\cdot\overline{B}$ と $\overline{A\cdot B}$ は互いに似た論理式にみえますが，このように論理回路で表現をしてみると，大きく異なるものであることがわかります．

前項で示したとおり，2進符号で表現された情報に対する任意の処理は，論理式で実現可能ですから，論理回路でも実現可能ということになります．シャノン

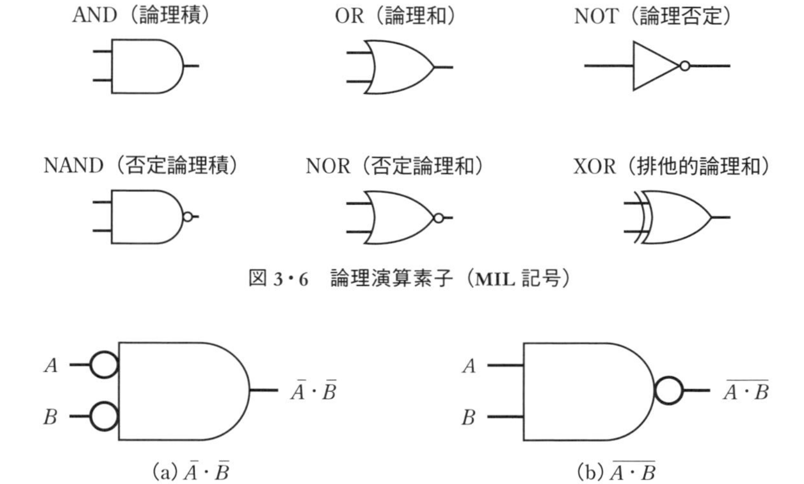

図 3・6　論理演算素子（MIL 記号）

図 3・7　$\bar{A}\cdot\bar{B}$ と $\overline{A\cdot B}$ の違い

コラム　論理演算素子を実現する電子回路

論理演算素子は，図 3・8 に示すような電子回路（スイッチング回路）によって構成されています．

各トランジスタは，入力信号によってオンとオフが切り替えられるようなスイッチとして機能します．

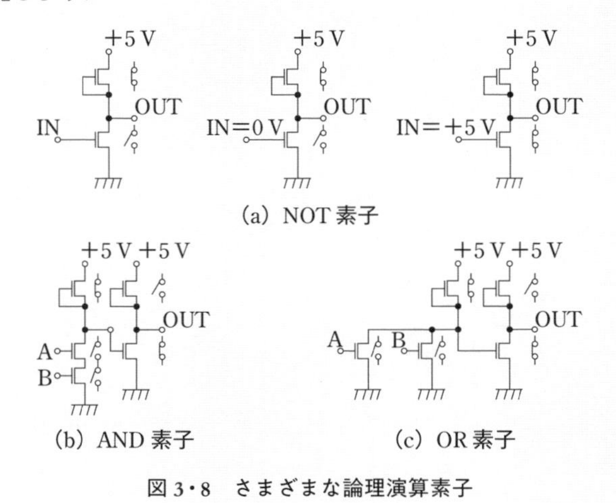

図 3・8　さまざまな論理演算素子

はこの点に注目をして，2進符号を用いる現在のコンピュータの計算原理を提案しました．

2 論理回路と中央演算処理装置（CPU）

コンピュータの5大装置のうち，制御装置および演算装置で構成される部分を**中央演算処理装置**（**CPU**：Central Processing Unit）と呼びます．このCPUは複雑な論理回路の集合です．ここではCPUの各装置の基本となる論理回路について述べます．

中央演算処理装置（CPU）の構成

中央演算処理装置（CPU）の基本構成は図3･9のように演算装置，制御装置から成り立っており，それぞれの装置は**カウンタ**，**レジスタ**，**デコーダ**，**演算回路**などで構成されています．

演算装置は数値演算や論理演算を実行できる**演算器**（**ALU**：Arithmetic and Logic Unit）が主であり，この演算器の基本は**加算回路**です．なお，減算は2の補数を求め加算することで計算ができ，乗除算は基本的には加減算を繰り返すことで計算が可能ですので，加算回路があれば四則演算が実行できます．

一方，制御装置は，命令を解読する**命令デコーダ**（Instruction Decoder），記憶装置の番地を指定する**プログラムカウンタ**（Program Counter）などからなります．

加算回路

加算回路は，論理演算回路の基本的な回路になります．加算回路を工夫することで種々の演算をさせることが可能となります．

〔1〕 半加算器

加算の基本は，図3･10の1ビット加算です．この真理値表は，図3･11に示すように，二つの入力に対して出力Sと桁上げ情報C_{out}の二つの出力があります．

この真理値表からそれぞれの論理式を求めると以下のようになります．

$$S=A\cdot\overline{B}+\overline{A}\cdot B=A\oplus B \qquad (3\cdot1)$$

$$C_{out}=A\cdot B \qquad (3\cdot2)$$

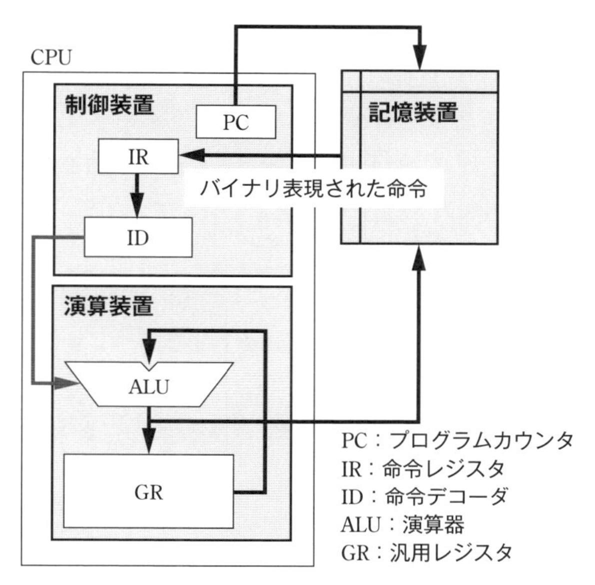

図 3・9　中央演算処理装置（CPU）の基本構成

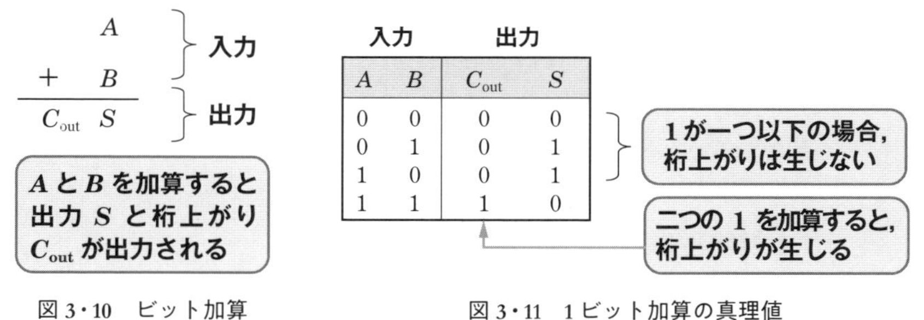

入力		出力	
A	B	C_{out}	S
0	0	0	0
0	1	0	1
1	0	0	1
1	1	1	0

図 3・10　ビット加算

図 3・11　1 ビット加算の真理値

これらの論理式は**図 3･12** で示される論理回路で実現できます．このとき，出力 S は真理値表から排他的論理和（XOR）と同じであることがわかりますので，図 3･12 の点線で囲った部分は XOR で置き換えることができ，**図 3･13** のように描き直すことができます．この 1 ビット加算の回路は**半加算器**または**ハーフアダー**（Half Adder）と呼ばれ，**図 3･14** の記号で表します．

〔2〕全加算器

加算には，**図 3･15** に示すように二つの入力と桁上がりの入力を考慮した加算があります．この加算の真理値表は，**図 3･16** に示すように，三つの入力（A, B, C_{in}）に対して，出力 S と桁上げ情報 C_{out} の二つの出力があります．この真理値表から出力 S と桁上げ情報 C_{out} の論理式を求めると以下のようになります．

$$S=A \oplus B \oplus C_{in} \tag{3･3}$$

$$C_{out}=A \cdot B+A \cdot C_{in}+B \cdot C_{in} \tag{3･4}$$

これらの論理式を実現する論理回路を**図 3･17** に示します．この桁上がりを考慮した 1 ビット加算の回路は**全加算器**または**フルアダー**（Full Adder）と呼ばれ，**図 3･18** のような記号で表します．また全加算器は**図 3･19** に示すように二つの半加算器と OR で表すこともできます．

〔3〕n ビット加算回路

図 3･20 のように一つの半加算器と複数の全加算器を組み合わせることで，n ビットの加算を行うことができます．図 3･20 は二つの n ビット入力 A_n と B_n，およびその加算結果 S_n を表現したものです．なお，全加算器の数は $n-1$ 個となります．

〔4〕n ビット減算回路

演算回路における減算は，2 の補数を用いて計算を行います．2 の補数を使うことで，演算はすべて加算だけで実現可能となります．2 の補数は 2 章で説明したように，すべてのビットの 0 と 1 を反転し，1 を加算することで求めることができます．これを表したのが**図 3･21** です．

この n ビットの 2 の補数を実現する論理回路は**図 3･22** のように，反転させるための NOT と 1 を加える半加算回路で構成することができます．結果的に n ビットの減算は**図 3･23** のように n 個の全加算器で構成することができます．

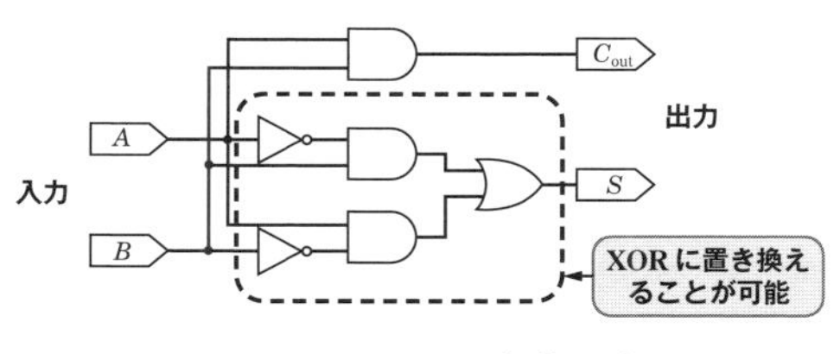

図 3・12　1 ビット加算回路

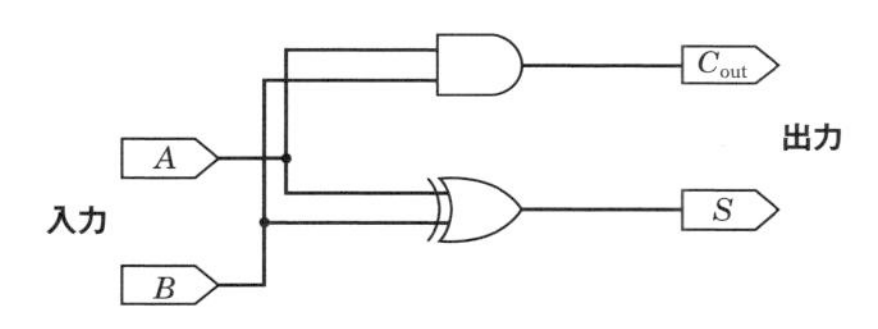

図 3・13　XOR に置き換えた 1 ビット加算回路

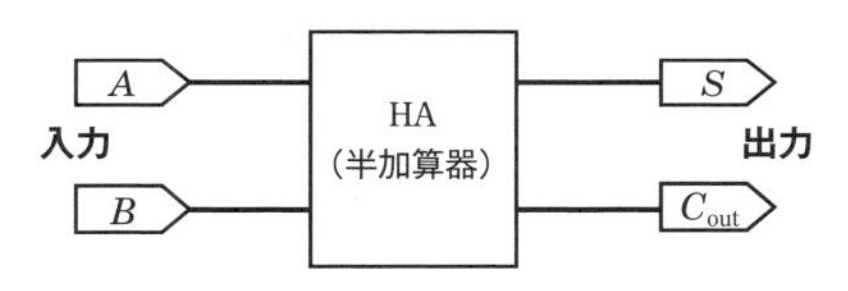

図 3・14　半加算器の記号

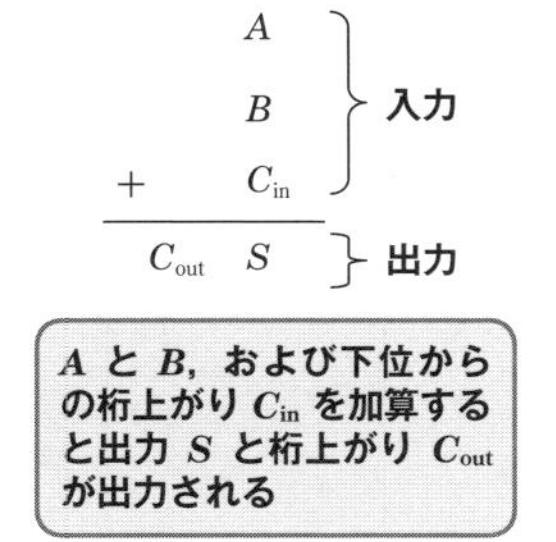

図 3・15　1 ビット桁上がり加算

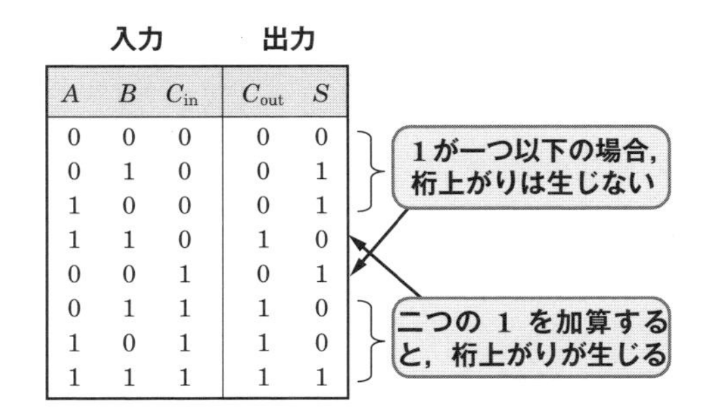

入力			出力	
A	B	C_{in}	C_{out}	S
0	0	0	0	0
0	1	0	0	1
1	0	0	0	1
1	1	0	1	0
0	0	1	0	1
0	1	1	1	0
1	0	1	1	0
1	1	1	1	1

図 3・16　1 ビット桁上がり加算の真理値表

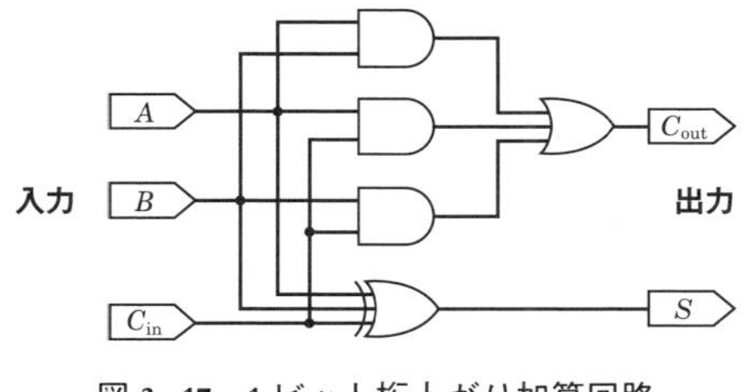

図 3・17　1 ビット桁上がり加算回路

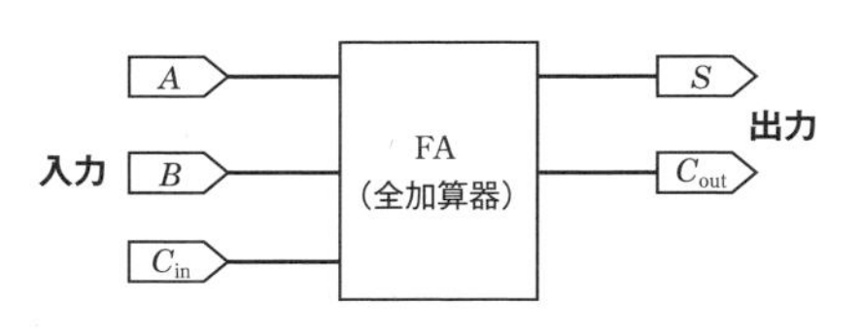

図 3・18　全加算器の記号

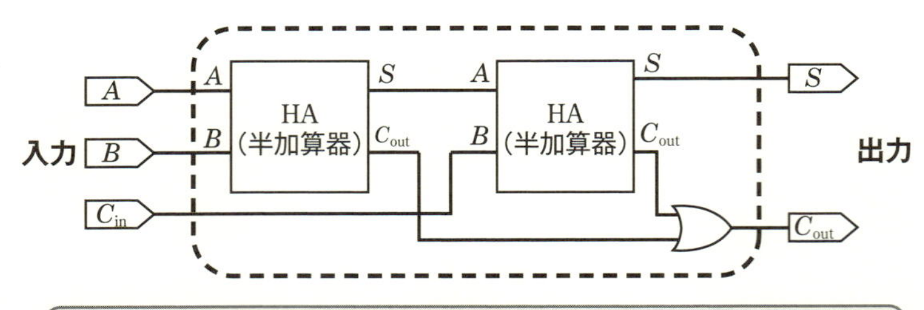

図3・19　1全加算器回路

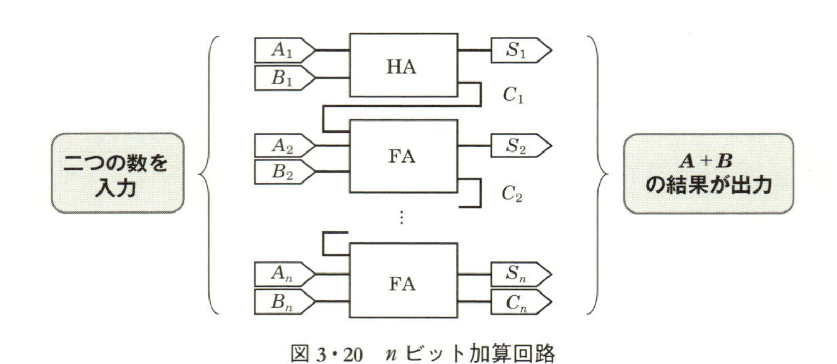

図3・20　nビット加算回路

	A_n	...	A_2	A_1
−	B_n	...	B_2	B_1
C_n	S_n	...	S_2	S_1

$-B$から$+(-B)$の形にする

		A_n	...	A_2	A_1
+	（ −	B_n	...	B_2	B_1）
	C_n	S_n	...	S_2	S_1

$(-B)$を2の補数に変換

	A_n	...	A_2	A_1
	$\overline{B_n}$	...	$\overline{B_2}$	$\overline{B_1}$
+				1
C_n	S_n	...	S_2	S_1

全ビット反転し，+1する

図3・21　補数を用いた計算

+1の部分
すべて半加算器部分
1
HA
S_1
B_1
C_1
B_2
HA
S_2
Bを入力
(−B) の
2の補数が出力
C_2
B_n
HA
S_n
C_n

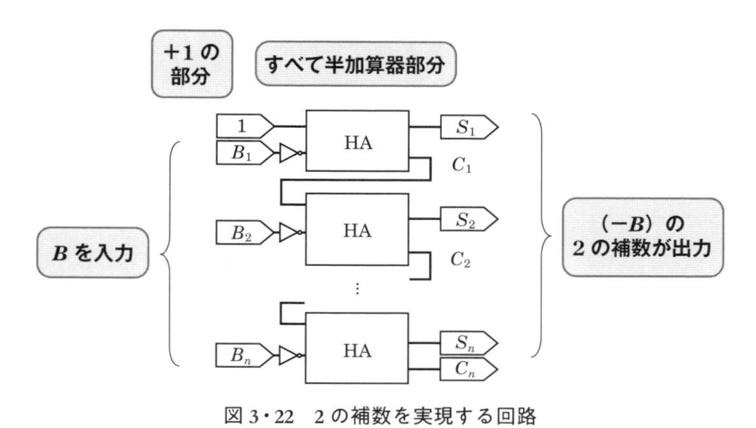

図 3・22　2 の補数を実現する回路

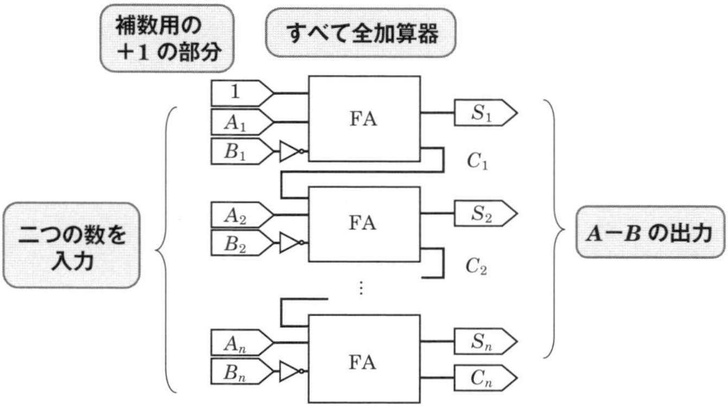

補数用の
+1の部分
すべて全加算器
1
A_1
FA
S_1
B_1
C_1
A_2
FA
S_2
二つの数を入力
A−Bの出力
B_2
C_2
A_n
FA
S_n
B_n
C_n

図 3・23　n ビットの減算回路

なお，加減算の演算回路全体としては，**図3･24**のようにセレクタ（後述）と組み合わせることで加算器と減算器を一つで実現することができます．

デコーダ

デコーダ（Decoder）は与えられた符号を解析し，その符号に対応する信号を出力することに使われます．命令を元にCPUの動作を決定する，命令デコーダを実現するために必要な回路です．**図3･25**はデコーダの一例で，nビットの入力の組合せに対して，2^n個の出力のうち，特定の出力だけが1または0になります．例えば2ビット入力のデコーダの場合，その出力は$2^2=4$通りとなり，特定の出力を1ビットとした場合，その真理値表は**図3･26**のようになります．これを回路図で表すと**図3･27**のようになります．また，デコーダの例として，4ビットの入力で7ビットの出力で数字・文字を表現する7セグメントLEDがあります．

デコーダとは逆に，2^n個の入力に対するnビットの符号を発生させる回路を**エンコーダ**（Encoder）と呼びます．例えば**図3･28**の真理値表に示すように，$2^2=4$個の入力に対応した2ビットの信号を生成させるような回路がエンコーダです．また，エンコーダの例として，8ビットの入力から3ビットの出力を得るTI社の74148というICがあります．

セレクタ

セレクタ（Selector）はマルチプレクサ（Multiplexer）とも呼ばれ，**図3･29**のように複数の入力から一つの信号だけを選択する回路です．このとき選択された入力はそのまま出力され，それ以外は出力されません．例えば**図3･30**は二つの入力A，Bのうち一つを選ぶ回路で，選択信号S_{in}によりどちらを出力するかが決まります．これを論理式で表すと式（3･5），真理値表で表すと**図3･31**のようになり，S_{in}が1のときには入力Aが選択され，S_{in}が0のときにはBが選択されます．

$$S_{out}=A\cdot S_{in}+B\cdot\overline{S}_{in} \tag{3･5}$$

セレクタ回路の一般形として，**図3･32**の2^n入力のセレクタ回路があります．選択信号S_nにより，2^n個あるデコーダの出力のうち，特定の出力のみが1になり，入力と対応するデコーダ出力とのANDを取ることで，2^n個ある入力のうち，特定の入力信号だけを出力に伝えることができます．

また，セレクタを応用したもう一つの例として，**図3･33**の演算器（ALU）が

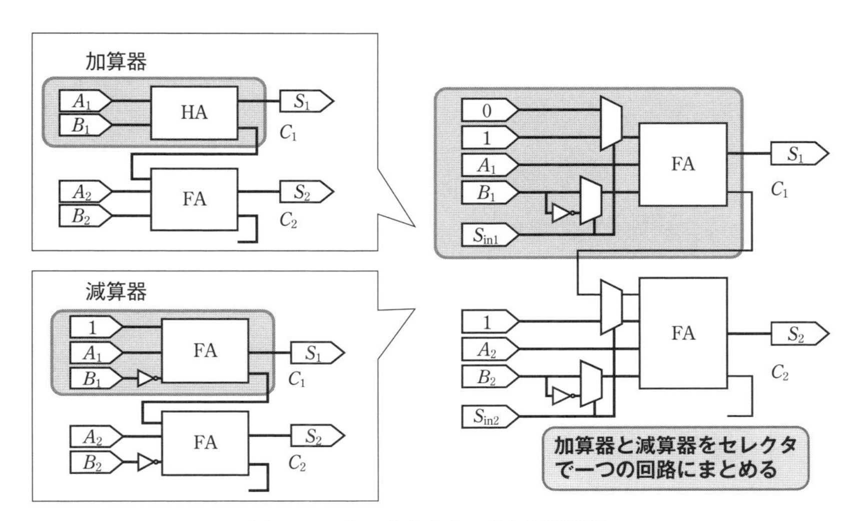

図 3・24　セレクタを使った加減算回路

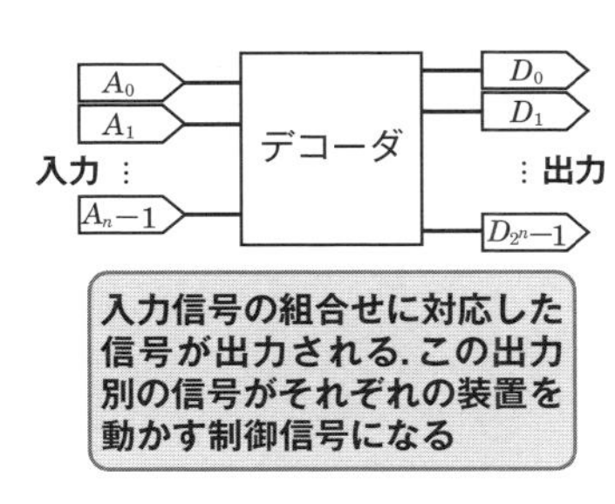

図 3・25　デコーダ

入力		出力			
A_1	A_0	D_0	D_1	D_2	D_3
0	0	1	0	0	0
0	1	0	1	0	0
1	0	0	0	1	0
1	1	0	0	0	1

入力 A_0, A_1 の組合せによって出力 D_0 ～ D_3 のどれかが「1」になる

図 3・26　デコーダ真理値表例

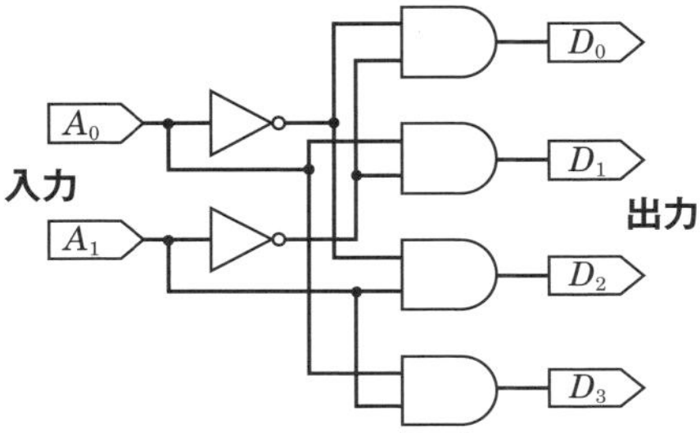

入力
A_0
A_1
出力
D_0
D_1
D_2
D_3

図 3・27　デコーダの回路例

入力				出力	
A_3	A_2	A_1	A_0	E_1	E_0
0	0	0	1	0	0
0	0	1	0	0	1
0	1	0	0	1	0
1	0	0	0	1	1
そ	の	他	は	禁	止

入力 A_0 ～ A_3 のどれかに信号を入れることで，出力 E_0, E_1 の組合せが決まる

図 3・28　エンコーダの真理値表例

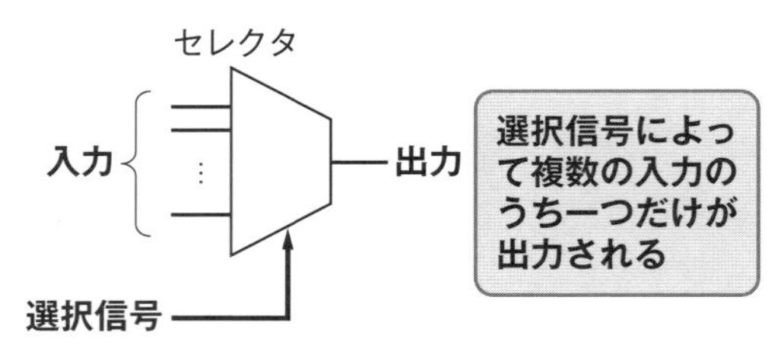

セレクタ
入力
出力
選択信号
選択信号によって複数の入力のうち一つだけが出力される

図 3・29　セレクタ（マルチプレクサ）

A
B
入力
選択信号
S_{in}
S_{out}
出力
選択信号によって二つの入力のうちどちらかのみ入力に合わせた信号が出力される．例えばS_{in}が1のとき，B が接続されている AND の出力は常に 0 だが，A が接続されている AND の出力は A の入力状態によって変化する

図 3・30　セレクタ回路例

入力			出力
A	A	S_{in}	S_{out}
A	B	1	A
A	B	0	B

選択信号 S_{in} の状態によって入力 A または B のどちらかが出力される

図 3・31　セレクタ回路の真理値表例

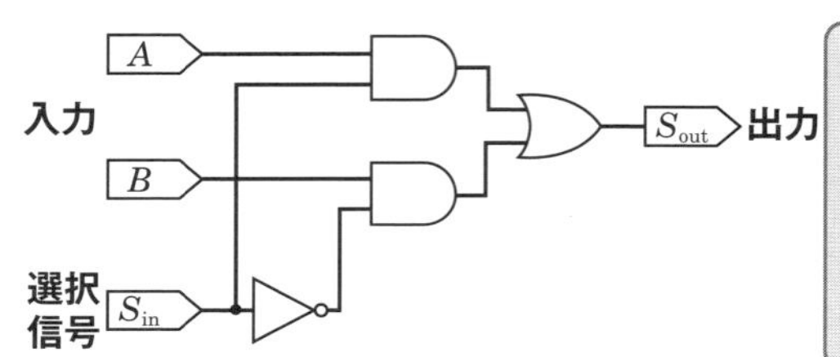

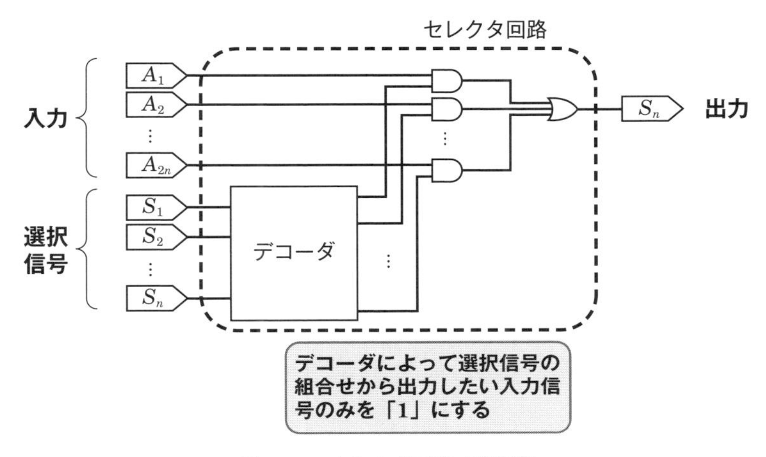

図 3・32　セレクタ回路の応用例

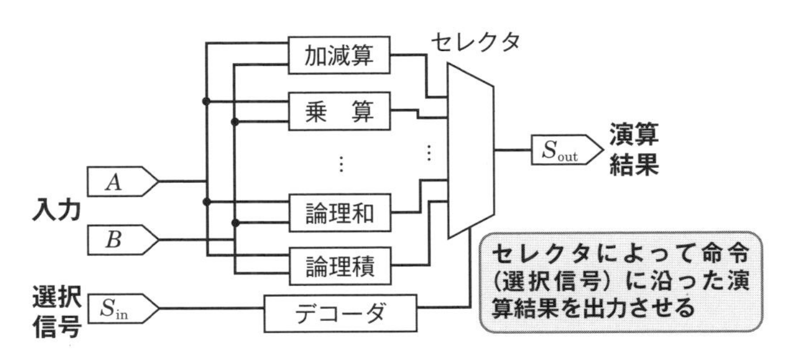

図 3・33　セレクタ応用例（演算器）

あります．この回路は加減算や論理積などの複数の異なる演算回路の出力の一つだけを，選択信号に応じてセレクタにより選択して，出力することで実現されます．

レジスタ

レジスタ（Register）とは一時的に情報を格納する回路で，一種の記憶回路です．命令を一時的に記憶する**命令レジスタ**（Instruction Register）やデータを一時的に記憶する**汎用レジスタ**（General Register）があります．このレジスタは，**図3･34**のような**フリップフロップ**と呼ばれる論理回路が複数組み合わされて構成されています．図3･34は**RSフリップフロップ**と呼ばれ，S（Set）とR（Reset）の二つの入力とQと$\overline{Q}$の二つの出力からなり，**1ビット分の情報を記憶することができます**．**図3･35**の真理値表のように入力の組合せで，出力が変化したり，出力を保持（記憶）したりすることができ，論理式では以下のようになります．

$$Q=\overline{R+\overline{Q}} \tag{3･6}$$

$$\overline{Q}=\overline{S+Q} \tag{3･7}$$

なお，フリップフロップには，入力の種類によって他にもJK型，D型，T型などの種類があります．

カウンタ

カウンタ（Counter）とは**図3･36**のように値を1ずつ増やす，または減らす回路です．このカウンタは，例えば0→1→2→3…と前の値を元に数を増減させるため，前の値を保持しているという意味で一種の記憶装置ともいえます．値を1ずつ増やすカウンタを**アップカウンタ**，1ずつ減らす回路を**ダウンカウンタ**と呼びます．このカウンタは，CPUにおいてはメモリ内のアドレスを示す回路に使われます．例えば，命令が今どこを実行しているのかを示すカウンタがプログラムカウンタです（図3･41参照）．このカウンタの基本的な構成は，**図3･37**のように複数のフリップフロップで構成されます．

組合せ回路と順序回路

複数の論理素子で構成され，入力の組合せだけで出力が決まる回路を**組合せ回路**（Combinational Circuit）と呼びます．例えば真理値表のように，入力の組合

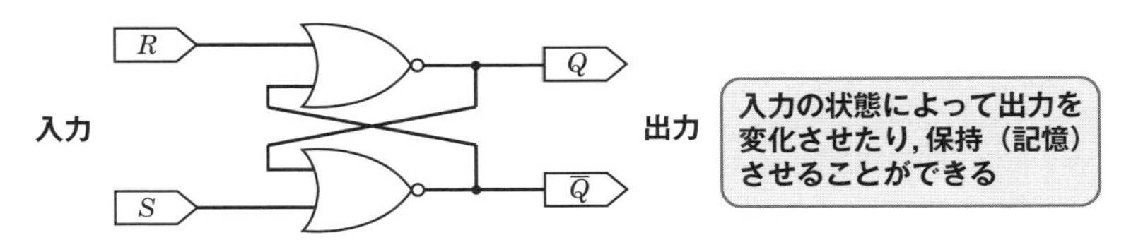

図 3・34　フリップフロップ（RS-FF）

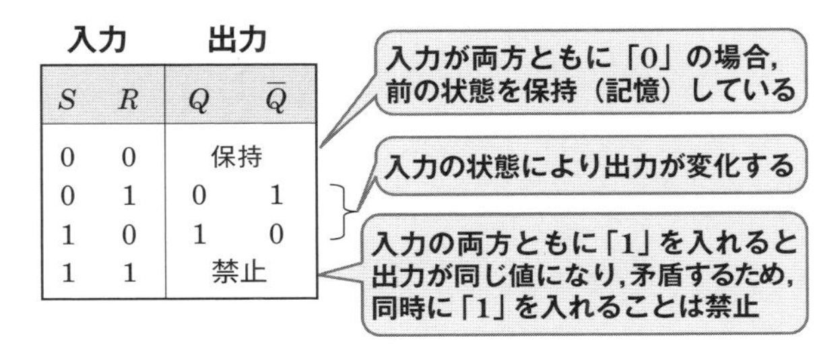

S	R	Q	$\overline{Q}$
0	0	保持	
0	1	0	1
1	0	1	0
1	1	禁止	

図 3・35　フリップフロップの真理値表

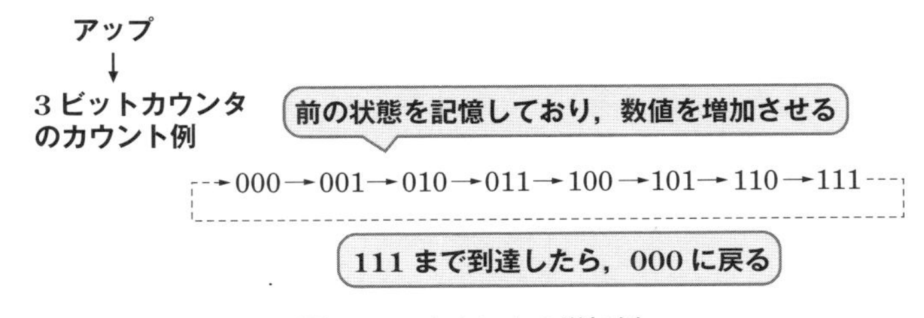

図 3・36　カウンタの増加例

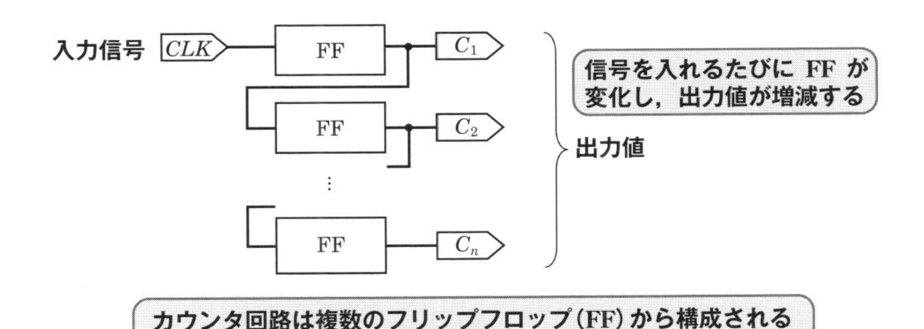

図 3・37　カウンタの基本的な構成例（*CLK*：クロック〔後述〕）

せによって出力が決まる回路です．

これに対して，図 3･38 のような組合せ回路と記憶回路を用いた回路を**順序回路**（Sequence Circuit）と呼びます．この順序回路は組合せ回路のように入力だけで出力が決まるのではなく，記憶されている前の内部情報と入力とを合わせることで出力が決まる回路です．

この順序回路には**非同期型**と**同期型**があります．非同期型の回路は入力が変化すると回路が動作し，出力にすぐに反映されます．同期型は入力が変化してもある決められたタイミングにならないと回路が動作せず，出力も変化しません．このある決められたタイミングは**クロック**と呼ばれ，水晶発振器などで発生させる．図 3･39 のような規則正しい信号です．回路の動作速度はクロックに依存します．

コンピュータは多数の同期型の順序回路が複雑に組み合わされて構成されています．順序回路は動作速度がクロックに依存するので，非同期型を使ったほうが良いように思えますが，非同期回路が複数存在する場合，それぞれの出力同士に時間的なずれ（遅延）が生じる場合があり，そのままでは出力が不安定であり，誤動作の原因にもなります．そのため，速度よりも正確な動作を優先した結果，今日のコンピュータは同期回路を基本としています．なお，コンピュータの動作速度を上げるにはクロックの周波数を上げたり，内部構成を変更するなどの工夫が必要となります．

3 CPU の動作

CPU はコンピュータの動作の中枢を担う重要な装置です．ここでは，その CPU がどのように動作しているのかについて説明します．

コンピュータの動作

コンピュータの基本構成は，図 3･40 のように入力，出力，記憶，制御，演算の 5 大装置です．動作の一連の流れは以下のとおりです．まず入力装置（または補助記憶装置）から記憶装置に命令またはデータが入ります．次に記憶装置上の命令が CPU 内の制御装置に送られ，その命令に従って CPU 内の演算装置と記憶装置との間でデータが処理されます．最終的に処理結果は出力装置（または補助記憶装置）に送られます．このようにコンピュータは記憶装置内にある命令に

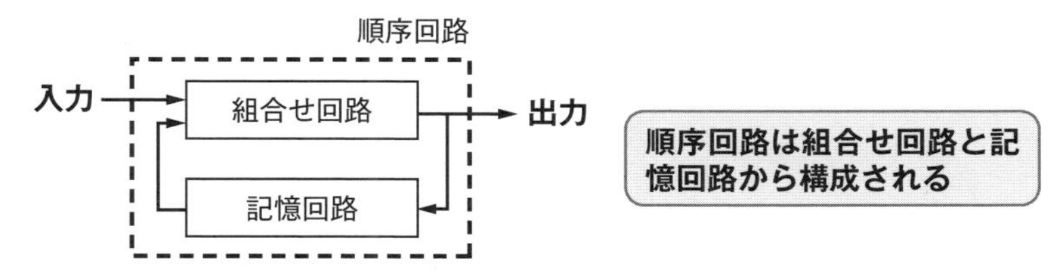

図 3・38　順序回路の基本的な構成

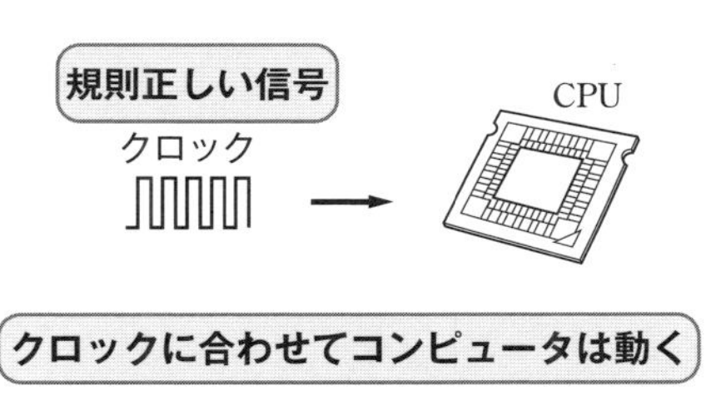

図 3・39　クロックと CPU

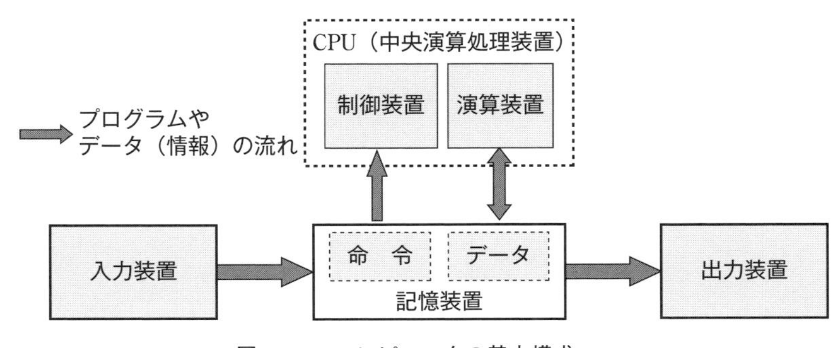

図 3・40　コンピュータの基本構成

従って制御装置が各装置を動かし，データの流れを制御します．これは第1章でも説明したとおり，**プログラム内蔵**（Stored Program）**方式**と呼ばれるもので，ジョン・フォン・ノイマンによって1945年に提唱され，現在のほとんどすべてのコンピュータで採用されています．

CPUの基本動作

前述したようなコンピュータの動作を実現するために，CPUがどのような動作をしているのかを説明します．

CPUの基本的な動きを図3･41の①～⑤の矢印で表すと以下のようになります．

① 記憶装置からプログラムカウンタで指定されたアドレスの命令を読み込み，制御装置の命令レジスタに送る

② 読み込んだ命令を解読（解析）するために命令デコーダに送る

③ 命令の実行に必要なデータをメモリから読み出し，演算器に送る

④ 命令（演算）を実行し，結果を汎用レジスタに送る

⑤ プログラムカウンタを更新し，次の命令のアドレスを示す

この①～⑤を高速に繰り返すことでコンピュータは動作します．

中央演算処理装置（CPU）の命令サイクル

前述の通り，CPUは図3･41に示した①～⑤の順に動くことで，命令を実行します．この一連の動作は以下の三つのステップに分けることができます．

（ⅰ）命令の読込み：プログラムカウンタで指定された命令を主記憶装置から命令レジスタへ送ります．

（ⅱ）命令のデコード：読み込んだ命令を，命令レジスタから命令デコーダに送り，どのような命令かを特定します．

（ⅲ）命令の実行：命令デコーダから各装置に動作を指示します．

この三つのステップは図3･42に示すように**命令サイクル**と呼ばれ，命令の実行時間はこの命令サイクルに大きく依存します．また一つの命令サイクルには図3･42のように複数のクロックが必要です．CPUはこのクロックに合わせて動きます．なお，実行する命令によりクロックの数は異なります．また1命令に掛かるクロック数が同じ場合，図3･43のようにクロックの周波数が高いほうが命令の実行速度が速いことになります．

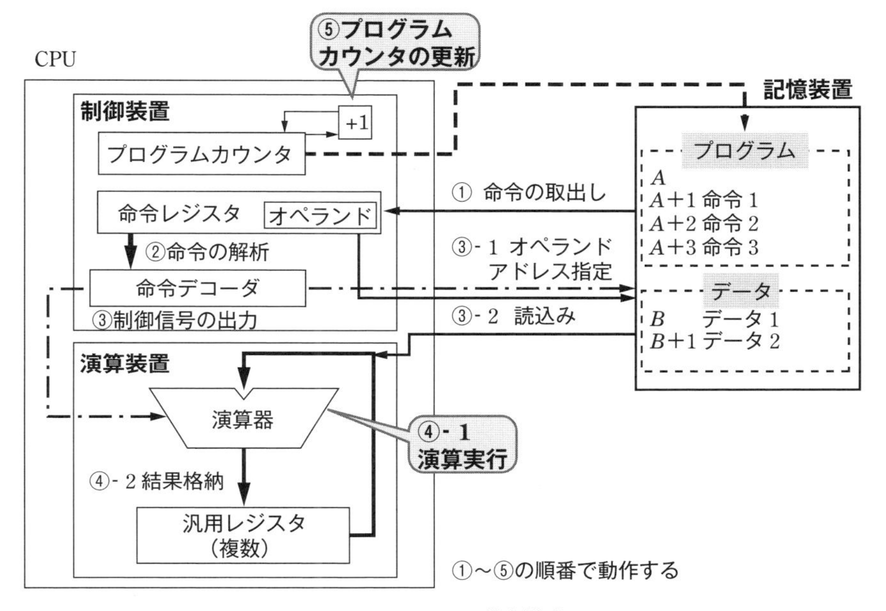

図 3・41　CPU の基本構成

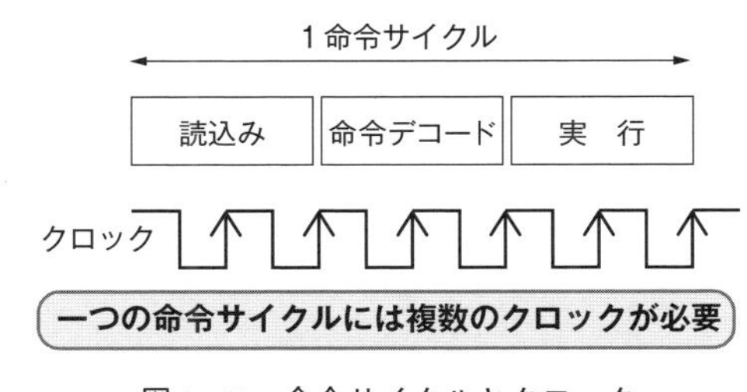

図 3・42　命令サイクルとクロック

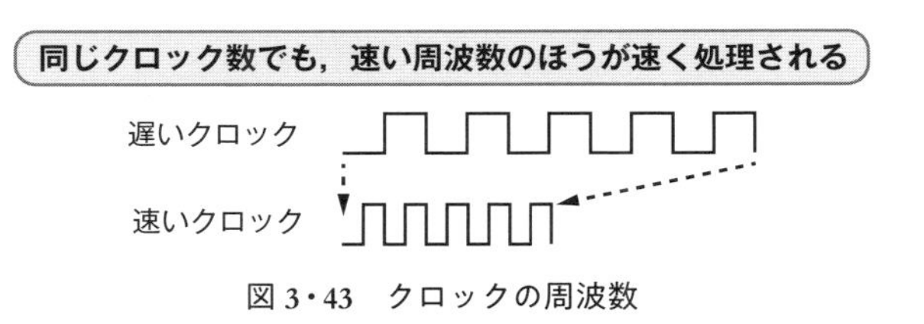

図 3・43　クロックの周波数

中央演算処理装置（CPU）の種類と高速化

〔1〕CPUの種類

CPUの設計思想は大別するとCISCとRISCに分かれます．

CISC（Complex Instruction Set Computer）は，一つひとつの命令に複雑な機能をもたせており，少ない命令数で多くの処理を行うことができます．

RISC（Reduced Instruction Set Computer）は，一つひとつの命令の機能は非常に単純で全体の命令数も少ないことが特徴です．命令の機能が単純なため，論理回路を単純化することができ，高速に動作させるような設計ができます．

最近のCPUでは，**図3･44**のようにCISCの命令をCPU内部で複数のRISCの命令に分解し，高速で実行させるようなタイプがあります．これは両者の良い部分を合わせていますので，論理回路が単純化され，高速な動作が可能となります．

〔2〕CPUの高速化技術

CPUを高速に動作させるにはいくつか方法があります．単純な方法はクロックの周波数を上げることですが，これには物理的な限界があります．そのほか，次に示すパイプライン処理，マルチプロセッサなどの技術があります．

① パイプライン処理

図3･45（a）のように，通常の命令サイクルでは，一つの命令のすべてのステップ処理が終わらないと次の命令のステップを実行しません．そこで，図3･45（b）にあるように複数の独立したステップに分割し，それぞれのステップではある命令サイクルのステップが終了した段階で次の命令サイクルのステップを処理し始めるということを行います．これによって各ステップが終了した時点で次の命令サイクルに取りかかることができますので，図3･45（b）のように同じクロック数でもより多くの命令を実行することが可能となります．この処理を**パイプライン処理**と呼びます．

② マルチプロセッサ，マルチコア

コンピュータのプロセッサ（CPU）の数を増やせば，それだけ処理能力が向上します．これは各CPUが命令を並列に処理して，別々に計算を進めることができるためです．この例として**図3･46**（a）のように1台のコンピュータに複数のCPUを搭載した構成を**マルチプロセッサ**と呼びます．また図3･46（b）のように一つのCPUを複数のCPUコアで構成することを**マルチコア**といいます．最

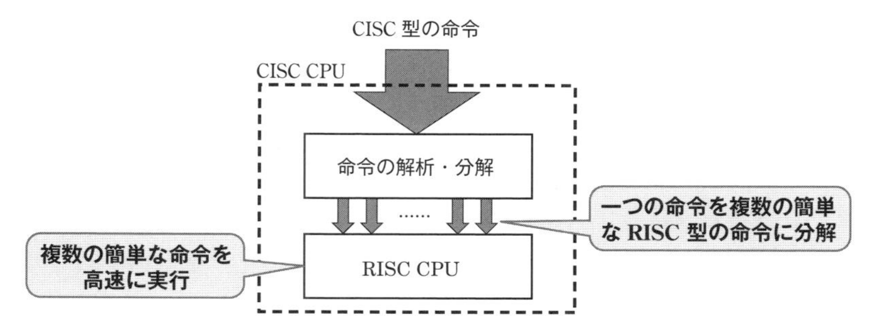

図3・44　RISC型CPUを内包したCISC型CPUの例

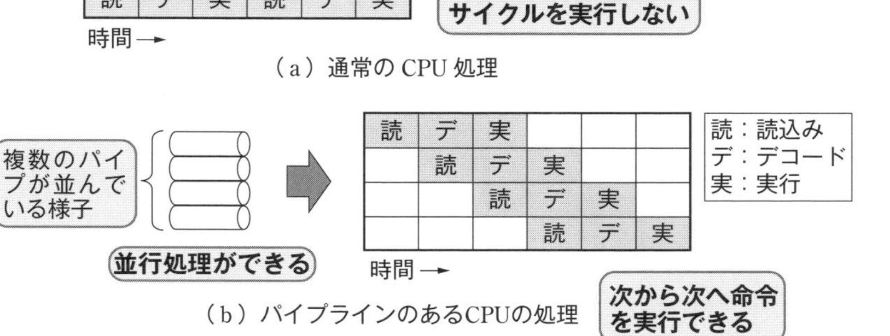

図3・45　パイプライン処理

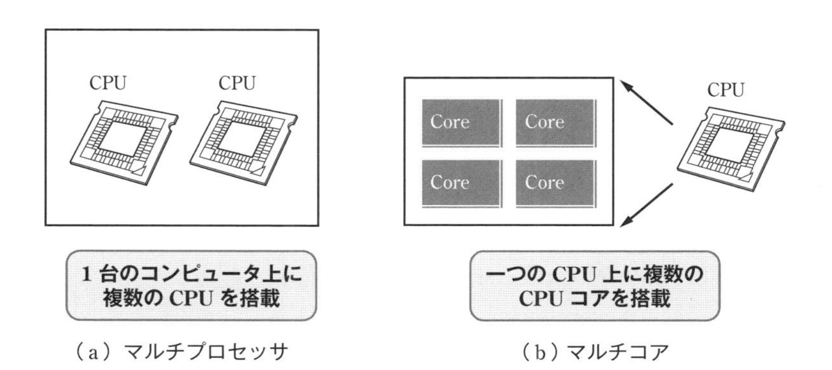

図3・46　マルチプロセッサ，マルチコア

近ではマルチコアが主流になっています.

③　ベクトル計算機

CPU（コア）の内部の演算器は，通常一つだけですが，中には一つのCPU（コア）の内部に複数の演算器をもつコンピュータがあります．このコンピュータのことを**ベクトル計算機**と呼びます．ベクトル計算機は一つの命令で複数のデータ処理が可能なため，同じような計算を行う数値演算のデータ処理に適しています．このベクトル計算機はSIMD（Single Instruction Multiple Data）と呼ばれ，一つの命令で複数のデータ処理を行う演算設計手法を取り入れています（図**3･47**）．

〔3〕新しいコンピュータ技術

新しいコンピュータ技術として，従来の技術とは全く異なる量子力学を用いて並列的に計算することができる量子コンピュータ技術があります．研究段階ですが，IBMやD-Waveにおいて実際に動いている装置も存在しています．

量子コンピュータと量子ビット

量子コンピュータは計算を並列処理で短く時間できるコンピュータで，量子力学の理論を用いています．

量子力学には「重ね合わせ」という現象があり，0でも1でもない状態をとることができます．この状態は**量子ビット**といわれる，0と1だけでなく，その間の状態をとることができる球体（ブロッホ球）の面（図**3･48**）によって，すべての状態を表すことができます．この量子ビットを使うことで，0か1の状態を確定させないまま，複数の状態を重ね合わせることができるため，無数のパターンが存在することになります．

よって複数の状態を表すことができ，かつ，一度に複数の計算ができるため，量子コンピュータは，いままでのコンピュータより短い時間での計算が可能となります．ただし，0または1の状態が確定しないままでの計算をする必要があり，途中で測定して0か1の状態が確定してしまうと，重ねの状態が失われ，複数の状態の情報が失われることになります．

なお，量子ビットの表現には「重ね合わせ」以外にも，「干渉」の現象も使われます．

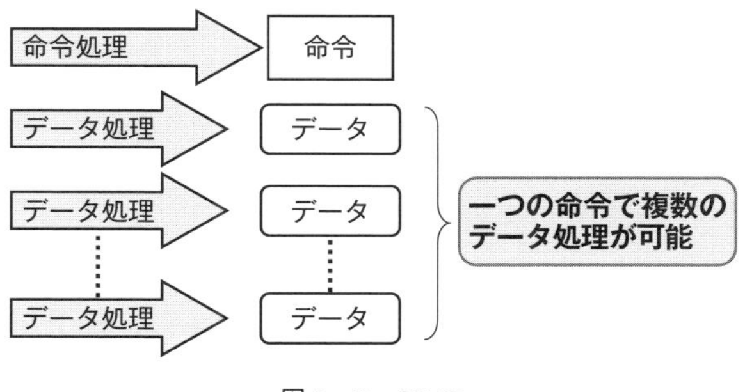

図 3・47 SIMD

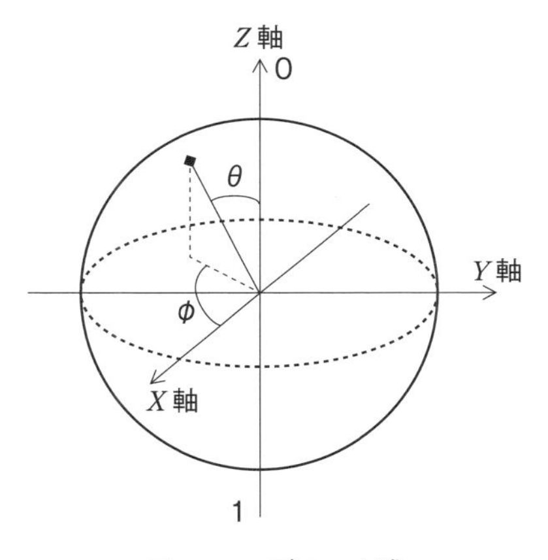

図 3・48 ブロッホ球

コラム 実際の CPU の中身

中央演算処理装置（**CPU**）は制御装置と演算装置から構成されていますので，回路としては複雑な回路となります．**図 3・49** は実際の CPU チップ（LSI）の写真です．右側と左側は回路として複雑な形状をしており，この部分に制御・演算装置が存在します．

対して，中央の上下にあるきれいに並んだ形状の回路ですが，これは４章で説明するキャッシュメモリ，つまり記憶回路になります．

このように，CPU は種々の装置や回路が混在して構成されています．

図 3・49 CPU チップ

練　習　問　題

【1】　次の論理式が成り立つことをブール代数の定理，公理を用いて証明しなさい．

$$(x \cdot y) + (x \cdot \overline{y}) + (\overline{x} \cdot \overline{y}) = x + \overline{y}$$

【2】　表3･2の真理値表を完成させなさい．

表3・2

x	y	$x \cdot y$	$\overline{x}$	$z = x \cdot y + \overline{x}$
0	0			
0	1			
1	0			
1	1			

【3】　次の論理式に相当する論理回路図を記載しなさい．

$$L = \overline{(x \cdot y) + (\overline{x} \cdot z)}$$

【4】　CPUを構成する演算装置で論理回路には何が使われるかを答えなさい．

【5】　命令サイクルの三つのステップを答えなさい．

【6】　1命令サイクルの平均10クロックのCPUがあります．このCPUクロック周波数が1MHzのとき，1秒間に平均何命令実行できますか．

【7】　CPUの高速化技術の一つであるパイプライン処理について説明しなさい．

4章 記憶装置と周辺機器

➡コンピュータは制御装置，演算装置，入出力装置，そして記憶装置から成り立っています．これらの装置にはそれぞれの役割がありますが，ここではコンピュータの情報を記憶する記憶装置，入出力装置および入出力装置を接続するためのインタフェースなどについて説明します．

1 記憶装置

ここでは，記憶装置の役割や種類などについて説明します．

記憶装置の役割

記憶装置はコンピュータの5大装置の一つでCPU（制御装置および演算装置）で使われるプログラムやデータを一時的に記憶する装置または記憶媒体を指します．この記憶装置には，**図4・1**のように主記憶装置と補助記憶装置があります．

主記憶装置は，主にCPUが必要とするプログラムやデータを**短期的に記憶**す

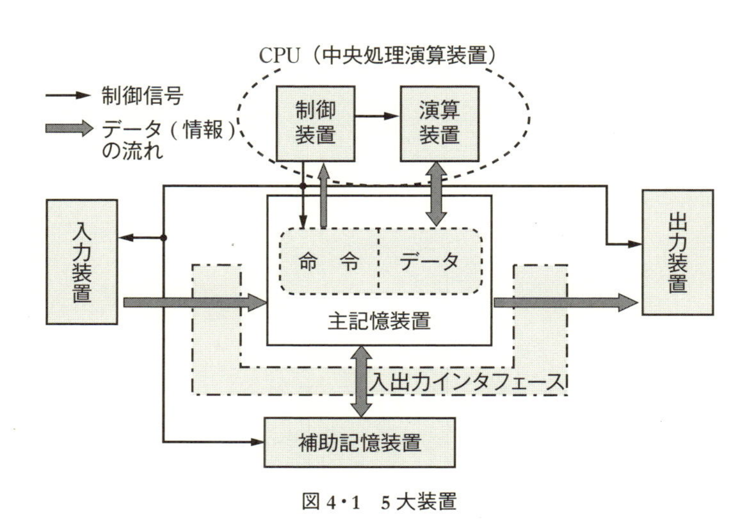

図4・1　5大装置

るもの（**短期記憶**）で，高速にCPUとのやり取りが必要なため，主に半導体の記憶媒体が使われます．また，主記憶装置は，CPUとの情報のやり取り以外にも補助記憶装置や入出力装置との情報のやり取りも行います．

補助記憶装置は，プログラムやデータを**長期的に記憶**するもの（**長期記憶**）で，電源がなくてもたくさんの情報を保存する必要があるため，ディスク型やテープ型などの媒体が使われます．この補助記憶装置は情報を媒体上に**ファイル**として保存します．

記憶装置の種類

記憶装置は，アクセス速度*と容量でその性能が決まります．しかし，性能の高い記憶装置は価格も高いという問題点があります．そこで，**図4･2**のように，アクセス速度や容量によって性能の異なる記憶装置を組み合わせることで，最適なコンピュータの記憶装置を構成します．このような記憶装置の構成を記憶階層（Memory Hierarchy）と呼びます．

図4･2の階層構造は大きく二つに分かれており，レジスタ，キャッシュメモリ，主記憶装置部分が**内部記憶**，それより下の階層が**外部記憶**です．

内部記憶のレジスタは**図4･3**のようにCPU内部にあり，アクセス速度は非常に高速ですが，数バイト程度の記憶容量しかありません．**キャッシュメモリ**は図4･3のように主記憶装置とCPUとの間にあり，両者の速度の違いを吸収するために高速にアクセスできる必要があります．主記憶装置は，プログラムやデータなどの情報を保持するコンピュータの中心的な記憶装置です．

補助記憶装置は，図4･3のように主記憶装置に接続して，必要に応じて主記憶装置との間で情報のやり取りをします．そのため，補助記憶装置は種々のファイルを長期間保存するために用いるHDD，光ディスク，テープなどの大容量の記憶装置が使われます．このような補助記憶装置は，記憶階層の下にいくほど大容量となり，アクセス速度は遅くなります．

主記憶装置

主記憶装置は半導体の記憶素子で構成されています．半導体の記憶素子には

---

*　各装置に対する書込み，読出しの速さのこと．速いほど性能が良い．

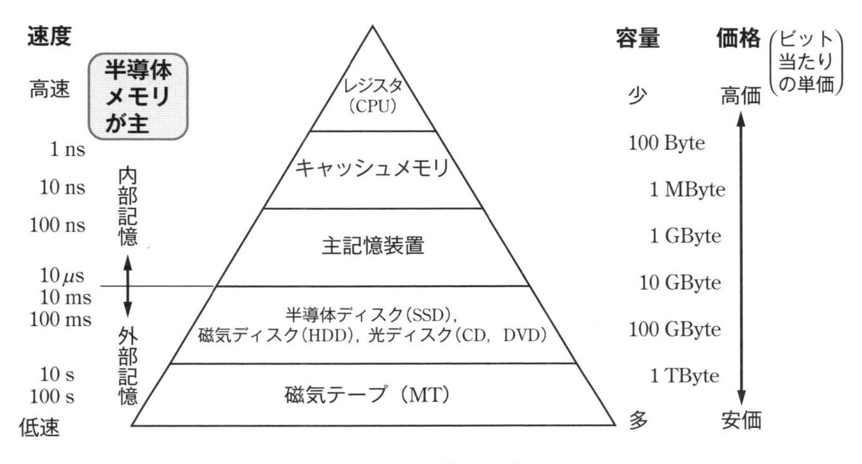

図 4・2　記憶装置の階層

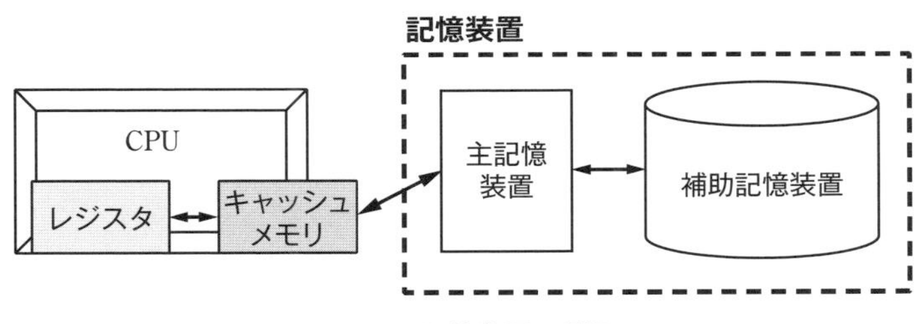

図 4・3　記憶装置の種類

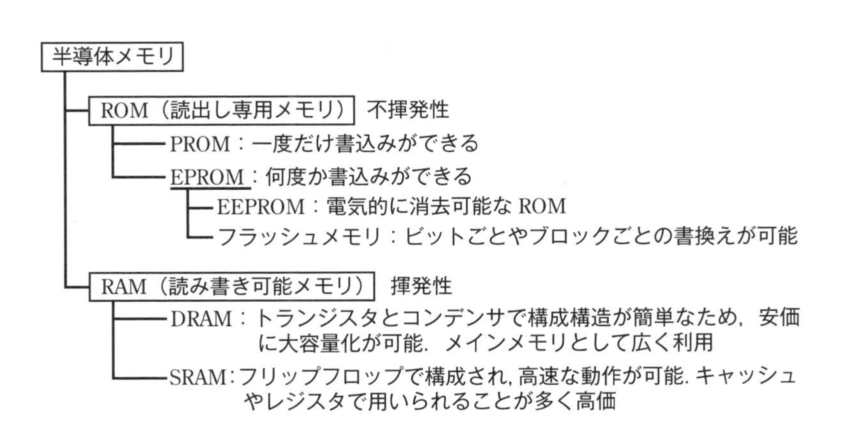

図 4・4　半導体メモリの種類

図 4･4 のように ROM と RAM があり，RAM はさらに SRAM と DRAM に分かれます．

ROM（Read Only Memory）は，読出し専用の記憶素子です．ROM は電源を切っても内部の情報が消えないので，**不揮発性**の記憶素子として，主にプログラムを記憶するのに使われます．以前には，図 4･5 のように真ん中にガラスの窓があり紫外線を当てることで内部の情報を消すことができる EPROM（Erasable Programmable ROM）もありました．現在は，電気的に情報を消すことができる EEPROM（Electric EPROM）の仲間であり，USB メモリ，SSD（半導体ディスク）などで広く使われている**フラッシュメモリ**（図 4･6）が主流となっています．

RAM（Random Access Memory）は，任意の装置・場所に対しての読み書きが可能な（**ランダムアクセス**）記憶素子です．RAM は電源を切ると内部の情報は消えてしまう**揮発性**の記憶素子です．主にレジスタや主記憶装置などの一時記憶装置に使われます．RAM には，図 4･7 のフリップフロップによって情報を保持できる **SRAM**（Static RAM）と，図 4･8 のコンデンサの電荷の有無によって情報を保持する **DRAM**（Dynamic RAM）があります．SRAM は高速でアクセスすることが可能ですが，高価なため，容量が小さくて済むレジスタやキャッシュで用いられています．DRAM は構造が簡単なため，安く大容量化が可能ですが，速度はあまり速くはありません．また DRAM は主に図 4･9 のようなモジュールタイプとして主記憶装置で使われます．

補助記憶装置

補助記憶装置には，**HDD**（Hard Disk Drive），光ディスクドライブ，テープドライブなどがあります．いずれの装置も記憶容量は大きく，図 4･10 に示す HDD は 2014 年に 8 T バイトを超える記憶容量となり，それ以降も記憶容量は年々増加しています．

また，図 4･11 に示す光ディスクドライブには **CD**（Compact Disk）や **DVD**（Digital Versatile Disk）などの規格があり，25 ～ 50 G バイトの記憶容量がある Blu-ray Disk もあります．これらのディスク装置は読み書き用のヘッドを短い時間で任意の記憶場所に移動させ，その記憶場所において読み書きを可能とするランダムアクセス方式です．

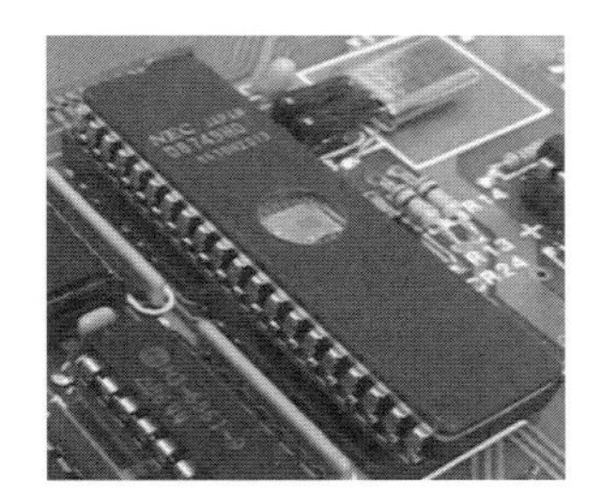

図 4・5　EPROM の例

図 4・6　フラッシュメモリ

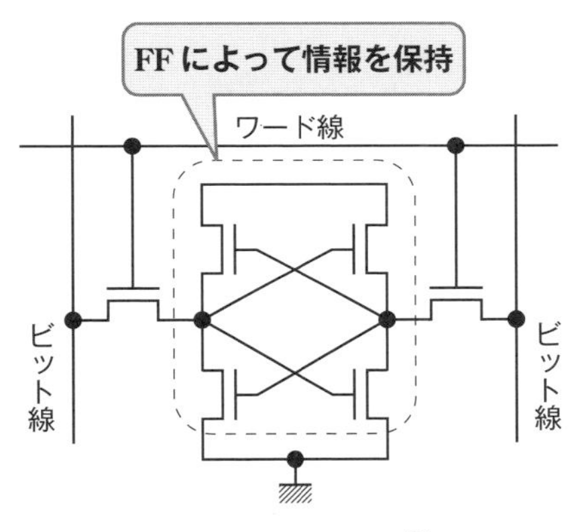

図 4・7　SRAM の一例

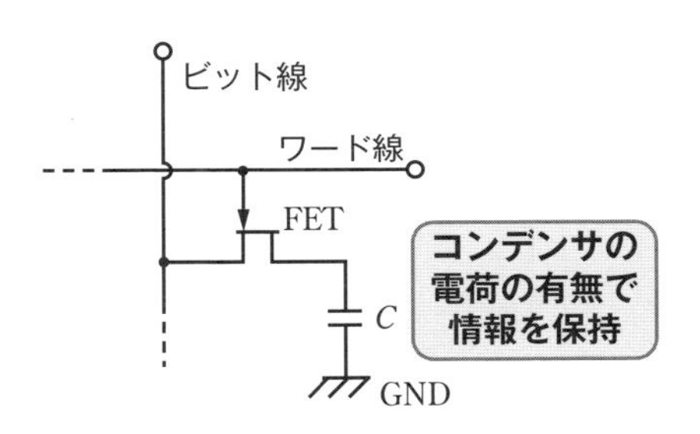

図 4・8　DRAM の一例

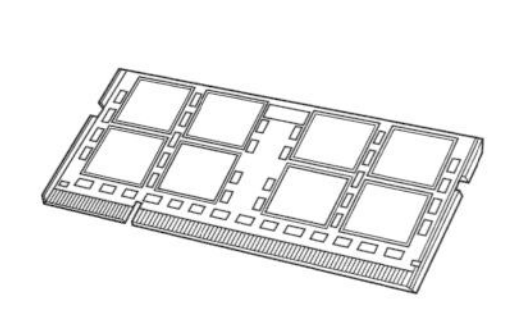

図 4・9　DRAM モジュール

図 4・10　ハードディスクドライブ

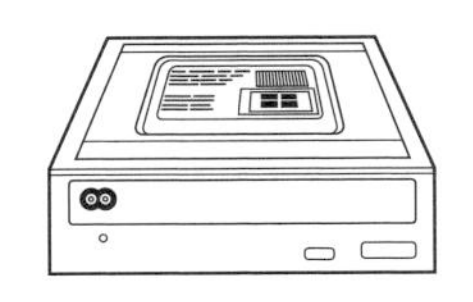

図 4・11　光ディスクドライブ

図 4･12 に示す磁気テープドライブ（Tape Drive）は，2015 年には 6T バイトを超える記憶容量となり，情報のバックアップ（Back up）やアーカイブ（Archive）に用いられています．テープ装置は短い時間で任意の場所に移動することはできませんが，大容量の情報を順次保存する用途に向いています．また 2004 年以降，**図 4･13** に示す内部にフラッシュメモリが入っている USB メモリが，非常に手軽な補助記憶装置としてよく使われています．現在では，**図 4･14** に示す HDD と同じインタフェースをもつフラッシュメモリで構成された SSD（Solid State Drive）もよく使われています．

キャッシュメモリ

キャッシュ（Cache）**メモリ**とは，「主記憶装置を構成する素子」の項で簡単に述べたように，速度の違う記憶素子や記憶装置の間に入れることで両者の速度の違いを吸収する記憶装置の一種です．例えば**図 4･15** のように，高速で動く CPU と速度の遅い主記憶装置との間で命令やデータなどの情報のやり取りをする場合，主記憶装置に対する情報の読み書きが終了するまで，CPU を待たせることになり，結果的に CPU の動作速度が低下し，ひいてはコンピュータそのものの性能が低下します．これを**ノイマンのボトルネック**と呼びます．そこで，**図 4･16** のように，CPU と主記憶装置との間に高速で動く記憶装置（キャッシュメモリ）を入れ，CPU と主記憶装置の間で現在やり取りされている情報の一部を読み込み，記憶します．もしキャッシュメモリ上に CPU が使う情報があれば，高速に情報のやり取りができるので CPU の動作速度を低下させることはありません．キャッシュメモリは，このように速度の違う記憶の間に入れることで速度の違いを吸収する緩衝の役割をします．しかし，キャッシュメモリの中に欲しい情報がない場合には主記憶装置から読み出す必要がありますので，CPU の動作速度が低下します．キャッシュメモリは高速に動作させる必要がありますので，主に SRAM で構成されますが，価格の面からあまり大容量にすることができません．しかし，あまり容量が少ないと頻繁に主記憶装置から情報を読み込む必要がありますので，適度な容量が必要となります．

もしキャッシュメモリの中身が一杯になった場合，古い情報を新しい情報と入れ換える（リフィル；refill）ことになります．これには一番古いものから入れ換える方法（LRU：Least Recently Use）や決められた順番に入れ換える方法

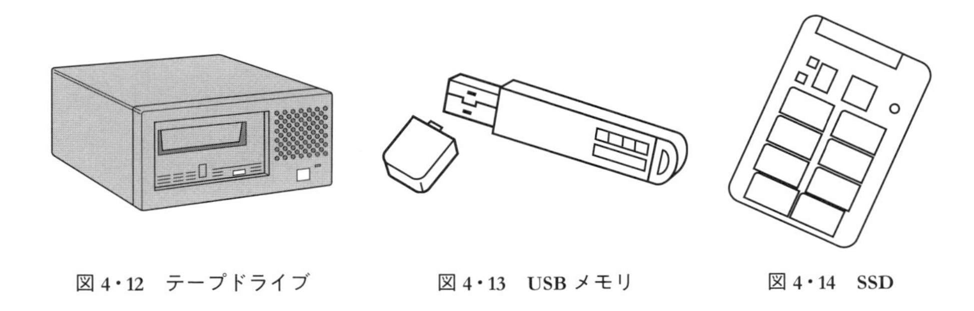

図 4・12　テープドライブ

図 4・13　USB メモリ

図 4・14　SSD

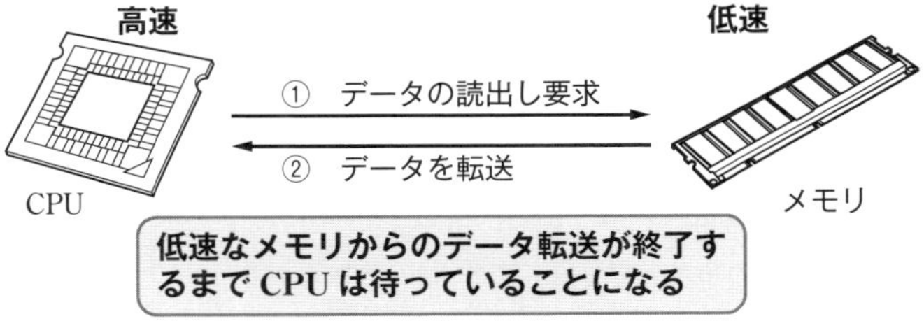

高速
低速
① データの読出し要求
② データを転送
CPU
メモリ
低速なメモリからのデータ転送が終了するまで CPU は待っていることになる

図 4・15　ノイマンのボトルネック

①データの読出しを要求
高速なメモリからのデータ転送なので，短時間で CPU へ転送可能
CPU
【高速】
制御装置
演算装置
【高速】
キャッシュメモリ
データ
【低速】
主記憶装置
データ
データ
データ
③データの転送
②キャッシュメモリにデータが存在
あらかじめ命令実行前にデータを転送しておく

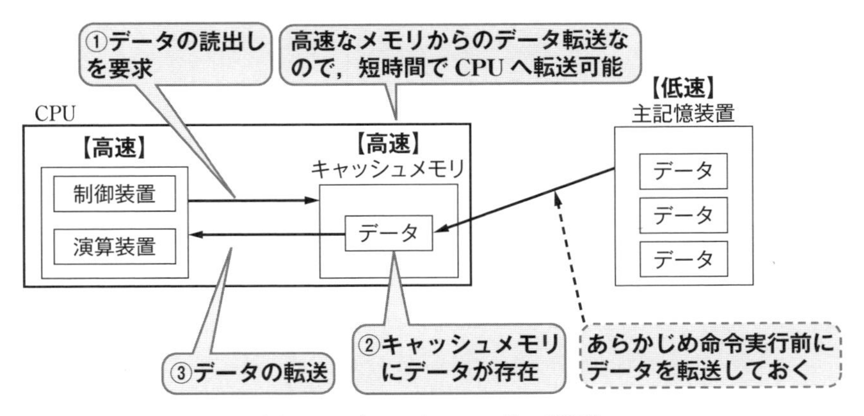

図 4・16　キャッシュメモリの必要性

(Round Robin) があります.

仮想記憶

仮想記憶 (Virtual Memory) とは, 主記憶装置に保持しきれない情報を一時的に補助記憶装置に保持させることを可能にする仕組みです. 主記憶装置の容量は年々増加しているとはいえ, ソフトウェアが使うメモリ容量も増加しています. そのため, すべてのソフトウェアのプログラムやデータが主記憶装置に入りきらない場合があります. そこで, **図 4･17** に示すように補助記憶装置を使うことで, 主記憶装置の容量以上の記憶空間を提供する仮想記憶という仕組みを用います. 仮想記憶では仮想的な大きな記憶領域をもち, プログラムやデータは, その記憶領域 (**仮想記憶領域**) 上に配置されます. しかし, 実際には, 主記憶装置と補助記憶装置のスワップファイル (**実記憶領域**) に保存されており, 両者の仲介を**メモリ管理装置** (**MMU**：Memory Management Unit) というハードウェアで行っています.

主記憶装置の容量が少なくなり, 使いたい情報が主記憶装置上にない場合, このスワップファイルにあまり使われない主記憶装置の情報を書き込みます. そして, **図 4･18** に示すように, スワップファイルにある使いたい情報を主記憶装置に読み込みます. このように, 仮想記憶によって, 主記憶装置の容量が小さなコンピュータでも大きなメモリを必要とするプログラムを動かすことができます. ただし, あまり主記憶装置の容量が小さいと, スワップファイルに対する読み書きのアクセスが頻繁に発生するため, コンピュータの全体の性能が下がり, 結果としてプログラムの実行速度が遅くなります.

仮想記憶については, 6章3節の「記憶管理」の項でも説明します.

2 インタフェースとバス

コンピュータは, **図 4･19** のようにCPU (制御装置, 演算装置), 記憶装置, 入出力装置で構成されています. 各装置同士は通信路により接続され, 各装置間で定められた決まり事に基づいて, 情報のやり取りが行われています. このように複数の装置の間を接続し相互に情報を交換する通信路をバスといい, 複数の装置を接続するための決まり事を**インタフェース**といいます.

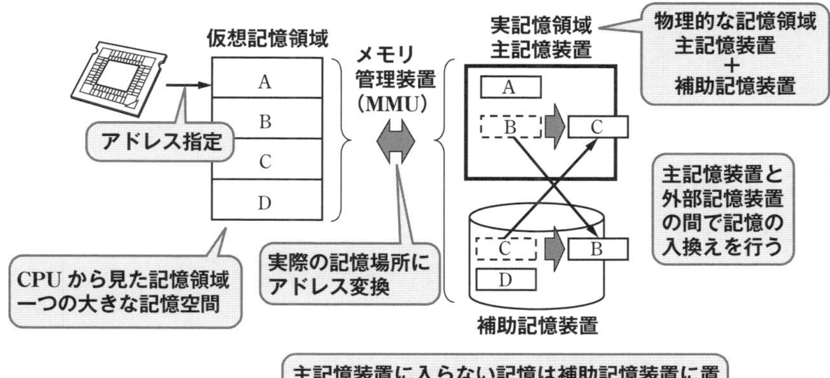

図 4・17　仮想記憶の考え方

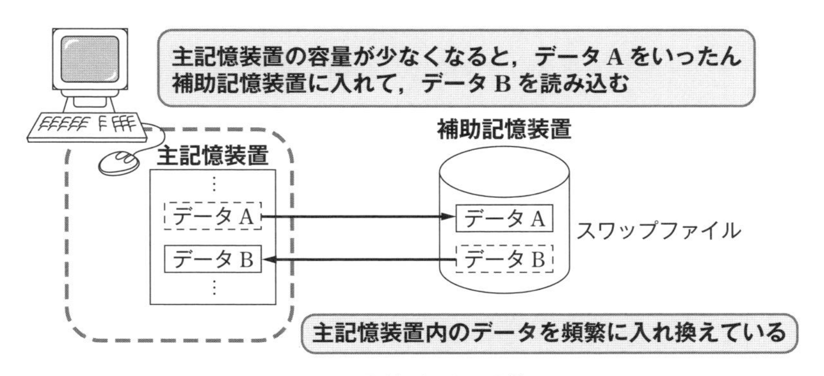

図 4・18　記憶データの入換え

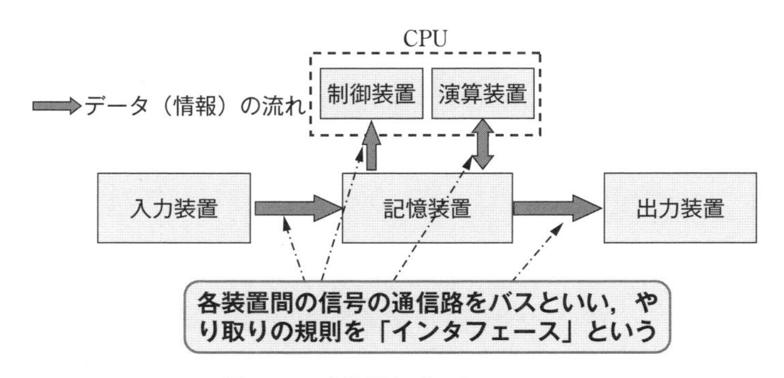

図 4・19　各装置とインタフェース

インタフェース

インタフェース（Interface）は，中間や間という意味のinterと顔や表情を意味するfaceを合わせてつくった言葉です．この言葉には，図**4･20**（a）のように二者の間のやり取りという意味や，図4･20（b）のようにコンピュータの各装置間の境界や仲介という意味があります．後者の場合，インタフェースとは各装置間における情報のやり取りのルールや取決めを意味します．例えば，CPUと記憶装置とのメモリインタフェースや，入出力装置と記憶装置との入出力インタフェースがあります．

大型の汎用コンピュータでは，図**4･21**のようにCPUと入出力装置との間に**チャネル**という情報の制御を司る機器が設けられています．このチャネルとの間の信号のやり取りの規定をチャネルインタフェースといい，その例として370アーキテクチャと呼ばれる規格があります．なお，通信やネットワーク関係では，情報のやり取りのルールを**プロトコル**（Protocol）と呼んでいます．

バス

〔1〕バスの分類

複数の装置やデバイスの間を接続し，相互にデータをやり取りするための通信路を**バス**（Bus）といいます．バスの信号線の数をバス幅といい，バス幅が大きければ一度に沢山の情報のやり取りができます．このバスは図**4･22**のように内部バス，外部バス，拡張バス，周辺装置バスなどに分類できます．

内部バスには，CPU内部やコンピュータシステム内部におけるデータのやり取りのための**データバス**や，アクセスする記憶装置の場所を指定する**アドレスバス**があります．データバスは，プログラムの命令やデータのやり取りをし，バス幅が大きければ一度にやり取りできる情報も多くなります．2019年現在，CPUでは16～128ビットまでいろいろなバス幅のデータバスが使われています．一方，アドレスバスは，通常，記憶装置上の命令やデータの保存場所を指定するために用いられます．また，このアドレスバスのバス幅が記憶装置の物理的な大きさを制限します．例えば，アドレスバスが32ビットのバス幅で，1つのアドレスで1バイトの命令やデータを指定できる場合

$$2^{32}\text{Byte} = 2^{2}\,\text{GiByte} = 4\,\text{GiByte}$$

（a）インタフェースの意味　（b）コンピュータにおけるインタフェースの意味

図 4・20　インタフェース

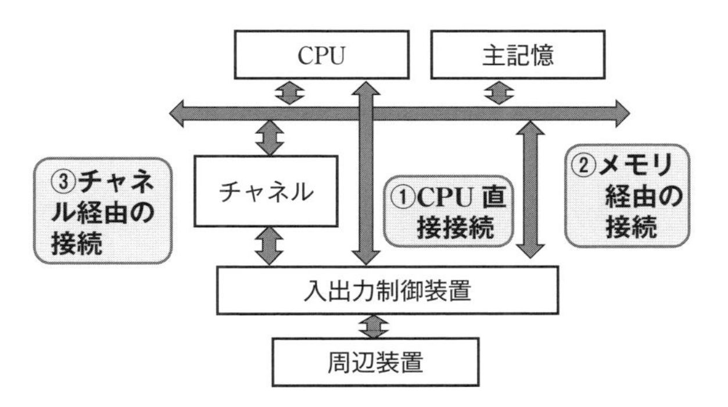

図 4・21　周辺装置への接続方法

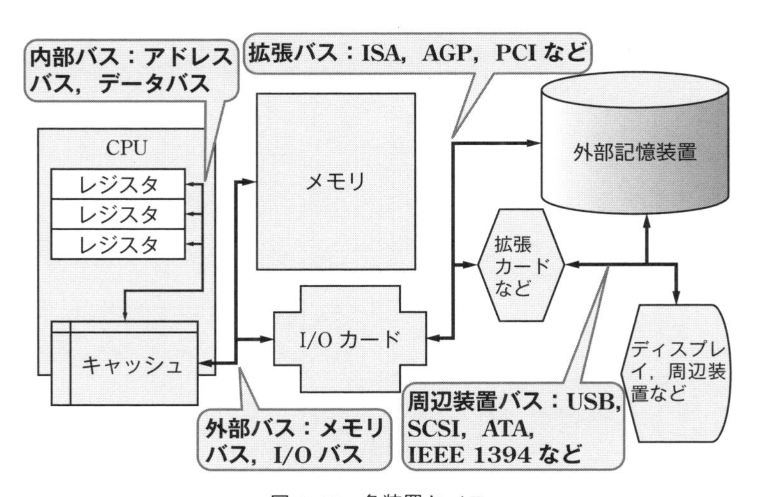

図 4・22　各装置とバス

が記憶装置の上限となります．

CPUと記憶装置や周辺装置との間のバスが外部バスです．外部バスの構成には，内部バスと同様にデータバスやアドレスバスのほかに各種装置を制御するための**制御バス**があります．また入出力装置専用のバスとして**I/Oバス**があります．

〔2〕バスとクロック

内部バスや外部バスの速度はマザーボード上の水晶発振器が生成するクロックで決まります．このクロックはCPUの外から与えられるため，外部クロックと呼ばれます．特にCPUでは，外部クロックの周波数をCPU内部で整数倍（**逓倍**）にして使います．また記憶装置なども外部クロックをそのままか，周波数を整数倍して使います．これはCPUの命令サイクルとその他の装置との情報のやり取りにずれがないように同期して動くようにするためです．

〔3〕シリアルバスとパラレルバス

バスを信号のやり取りの方法で分類すると，**シリアルバス**と**パラレルバス**があります．シリアルバスは1ビットずつ順番（シリアル）に情報のやり取りをするバスであり，パラレルバスは複数の信号線を束ねて並行（パラレル）に情報のやり取りをするバスです．

通信の高速化が技術的に難しかった頃はパラレルバスが主流でしたが，高速通信が可能になった現在では，シリアルバスが主流になっています．パラレルバスの場合，複数の信号を一斉に同じタイミングでやり取りする必要があるため，図4・23（a）のような低速通信ではタイミングのずれの影響はあまり目立たないものの，高速通信の場合は図4・23（b）のように小さなずれでも情報のやり取りに支障を生じることがあります．シリアルバスの場合，このようなずれとは無関係です．このことが，シリアルバスが主流となっている理由の一つです．

外部インタフェース

外部インタフェースとは，コンピュータ本体から外部に対して情報をやり取りするためのインタフェースです．外部インタフェースには図4・24のように多くの種類があります．以下に主なインタフェースを示します．

例題❹-① 記憶装置の容量の上限

CPU 内部のアドレスバスのバス幅が 20 ビットで，データバスのバス幅が 32 ビットだった場合，この CPU が扱える記憶装置の容量の上限はいくつになるか答えなさい．

ただし，1 つのアドレスが指定することができる命令やデータの大きさは，データバスのバス幅と同じものとする．

解 答

1 つのアドレスで指定することができる命令やデータの大きさが，データバスのバス幅と同じであることから，1 つのアドレスで指定できる命令やデータの大きさは

32 ビット = 4 Byte

となる．

アドレスバスのバス幅が 20 ビットであることから，アドレスの組み合わせは 2^{20} となるので，記憶装置の容量の上限は

$2^{20} \times 4$ Byte $= 2^{22}$ Byte = 4 MiByte □

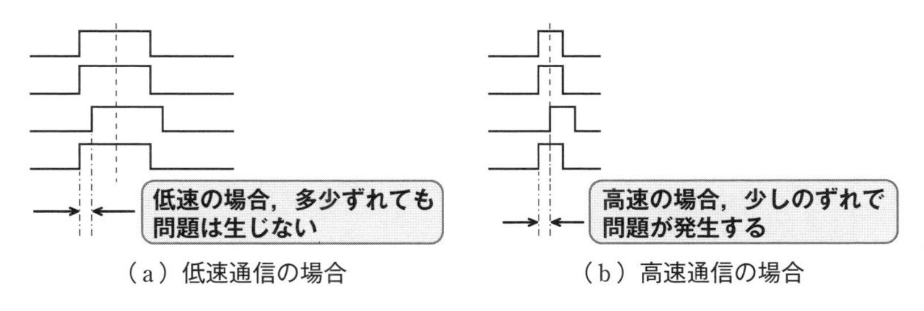

（a）低速通信の場合　（b）高速通信の場合

図 4・23　パラレル通信のタイミング

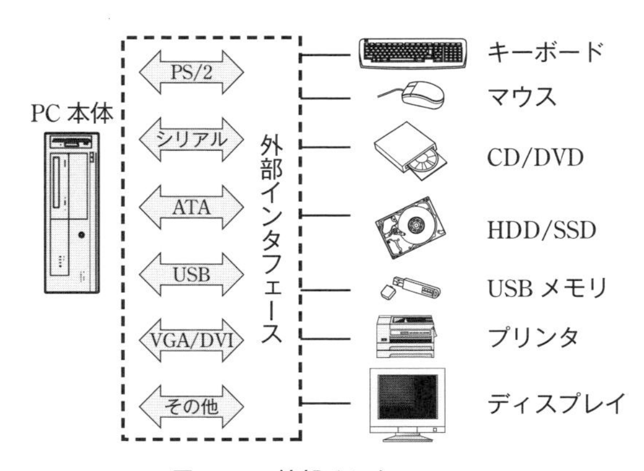

図 4・24　外部インタフェース

〔1〕旧式インタフェース（図 4･25）

- **PS/2**（図 4･25（a））：キーボードやマウス接続用
- **RS232**（図 4･25（b））：モデムなどの通信機器接続用
- **パラレルポート**（図 4･26（c））：プリンタ接続用，最大 4 Mbit/s

〔2〕画像出力用インタフェース（図 4･26）

- **VGA**（Video Graphics Array）（図 4･26（a））：アナログディスプレイ出力用
- **DVI**（Digital Visual Interface）（図 4･26（b））：ディジタルディスプレイ出力用
- **HDMI**（High-Definition Multimedia Interface）（図 4･26（c））：ディジタル家電接続用（音声信号を含む）．DVI 上位互換のインタフェース．
- **Display Port**（図 4･26（d））：高解像ディスプレイ用（音声信号を含む）

〔3〕汎用インタフェース（図 4･27）

- **USB**（Universal Serial Bus）（図 4･27（a ～ c））：周辺機器接続用のシリアルバス規格．PS/2 などの旧式インタフェースの置換えでさまざまな端子形状があります．USB4 では最大 40 Gbit/s の速度が出ます．
- **IEEE1394**（図 4･27（d））：主に AV 機器などの接続用シリアルバスの規格．FireWire，i.Link，DV 端子などとも呼ばれています．通常 400 Mbit/s の速度が出ます．USB より CPU 負荷が少なく，安定しています．

〔4〕補助記憶装置用インタフェース（図 4･28）

- **ATA**（Advanced Technology Attachment）（図 4･28（a））：ハードディスクなどの補助記憶装置接続用パラレルインタフェース．
- **SATA**（Serial ATA）（図 4･28（b））：ATA のシリアル版．主流の SATA2.0 の速度は 3 Gbit/s，SATA3.0 では 6 Gbit/s の速度が出ます．
- **SCSI**（Small Computer System Interface）（図 4･28（c））：周辺機器用パラレルインタフェース．SCSI-3 の速度は 320 MByte/s．シリアル版の Serial SCSI があります．

（a）PS/2

（b）RS232

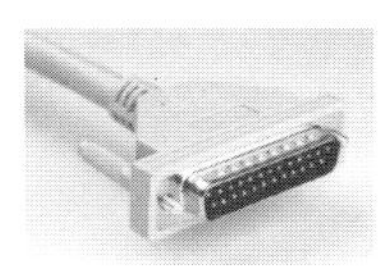

（c）パラレルポート

図 4・25　旧式インタフェース

（a）VGA

（b）DVI

（c）HDMI

（d）Display Port

図 4・26　画像出力用インタフェース

（a）USB Type-A

（b）USB Micro-B

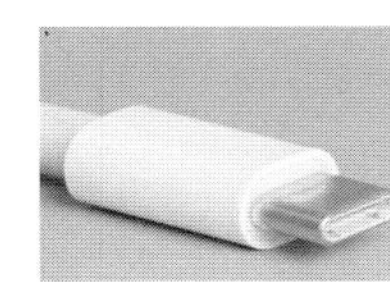
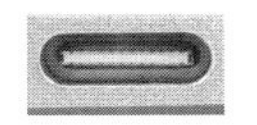

（c）USB Type-C

（d）IEEE1394

図 4・27　汎用インタフェース

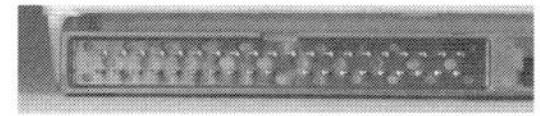

（a）ATA（IDE）

（b）SATA

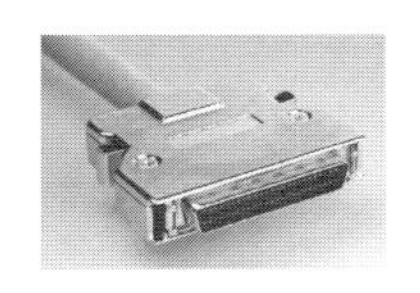
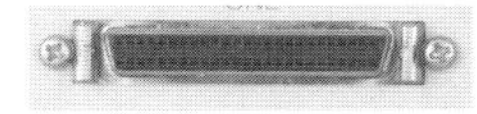

（c）SCSI

図 4・28　補助記憶装置用インタフェース

※図 4・25 ～ 4・28 写真提供：株式会社デジタルアドバンテージ

拡張バス

拡張バスとは，図4･29のようにコンピュータの機能を拡張する基板（拡張基板）を取り付けるためのバスです．主な拡張基板としては，ネットワークカード，グラフィックカード，サウンドカード，外部機器制御カードなど（図4･30）があります．現在はPCI-e（図4･31）が主流になっています．

- **ISA**（Industrial Standard Architecture）（図4･30（a））：バス幅が16 bit，速度は最大8 MByte/s．もともとはIBM-AT用の拡張バスで，別名AT BUSと呼ばれていた．周辺機器接続用．
- **Extended ISA**（図4･30（b））：バス幅が32 bit，速度は最大32 MByte/s．ISAバスの拡張版．周辺機器接続用．
- **PCI**（Peripheral Component Interconnect）（図4･30（c））：バス幅32 bit，速度最大133 MByte/sや，バス幅64 bit，速度最大533MByte/sのものがある．周辺機器接続用．
- **AGP**（Accelerated Graphics Port）（図4･30（d））：バス幅32 bit，速度最大2.13 GByte/s．グラフィック専用．
- **PCI-e**（PCI Express）（図4･31）：シリアルバス，速度最大16GByte/s．PCIのシリアル版．シリアル信号1本を1レーンと呼び，1レーンから16レーンまでのタイプがある．

ネットワークインタフェース

ネットワーク（Network）とは，複数のコンピュータを接続する通信網で，**ネットワークインタフェース**は，ネットワークを使うための信号や信号のやり取りの取決めです．ネットワークインタフェースは，PCIなどの拡張バスを通じて接続していましたが，最近ではコンピュータの基板上へのつくり付けが主流になっています．なお，ネットワークの規格は別名プロトコルとも呼ばれます．主なネットワークインタフェースは図4･32に示すRJ-45コネクタの**Ethernet**です，Ethernetは USBと同様に多くのPCにコネクタが付いており，その速度は100 Mbit/s（100 base-T）や1Gbit/s（1 000 base-T）が主流です．

その他，一般にWi-Fiと呼ばれている**無線 LAN**（**IEEE 802.11**a, b, g, nなど）や**Bluetooth**（**IEEE802.15.1**など）があります．

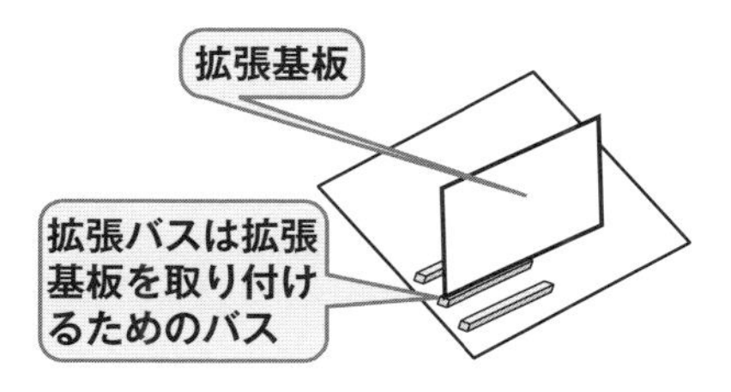

図 4・29 拡張バス

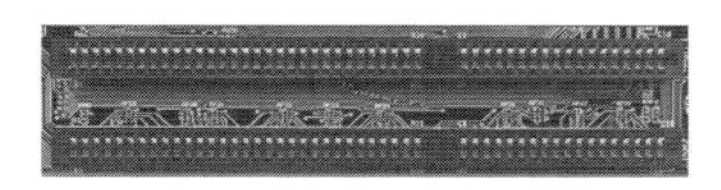

（a）ISA バス

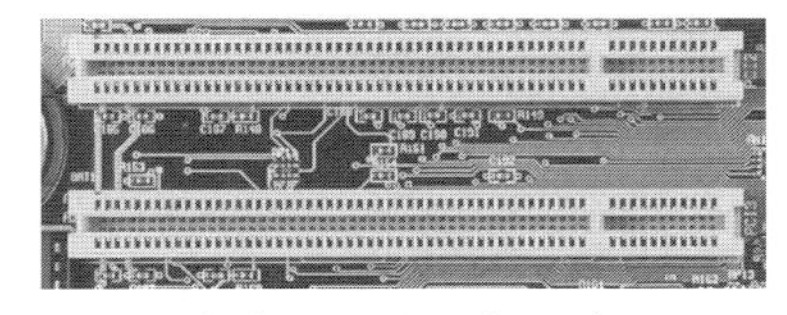

（c）PCI バス（32 bit）

（b）EISA バス

（d）AGP バス

図 4・30 旧式の拡張バス

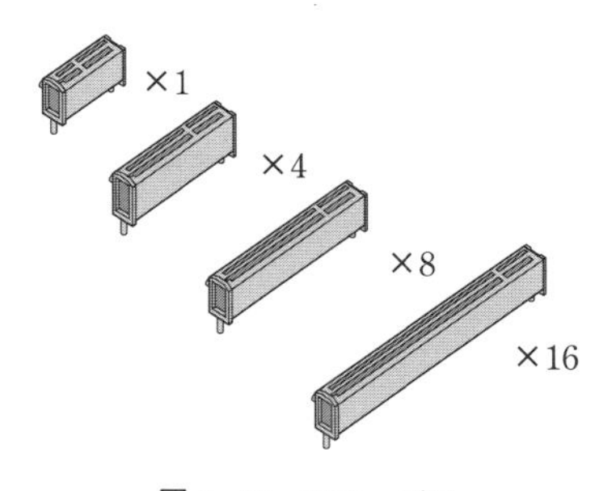

図 4・31 PCI-e バス

図 4・32 Ethernet

※図 4･30，図 4･32 写真提供：株式会社デジタルアドバンテージ

これらは特に，RJ-45のコネクタをもてないような薄型のノートパソコンやスマートフォン，小型のイヤホンやセンサなどが，ネットワークに接続するために不可欠なインタフェースとなっています．

3 入出力装置

入出力装置（周辺機器）は，CPUが必要とするプログラムやデータなどの情報を入力したり，結果を出力したりする装置です．

例えば，キーボードやマウスなどは代表的な入力装置であり，ディスプレイやプリンタなどは代表的な出力装置です（**図4・33**）．

また，入力装置と出力装置の両方の働きをする装置としてHDDやSSDに代表される補助記憶装置があります．

入力装置

入力装置の代表的な例としては，**図4・34**の**キーボード**や**マウス**などが挙げられます．

キーボードは文字キー，制御キー，ファンクションキーなどからなり，押されたキーに対応したコードを出力します．キーの一般的な並び方は左上に並んだキーがQ，W，E，R，T，Yという並びのQWERTY配列が一般的ですが，ほかにも英文を入力しやすく設計されたDvorak配列と呼ばれるものなどがあります．

また，英語と日本語のキーボードでは，**図4・35**（a），（b）のように一部の記号や制御キーなどの配列が異なります．

インタフェースとしてはPS/2やUSBによる接続が主流です．

なお，最近のキー入力には，タッチスクリーン上で入力するフリック（Flick）タイプの入力方式が携帯端末でよく使われています．

マウスは画面上の特定の位置を指し示すポインティングデバイスです．マウスの種類として**図4・36**（a）のようなボール式や図4・36（b）のような光学式があります．現在は光学式が主流になっています．インタフェースとしてはUSBによる接続が主流です．

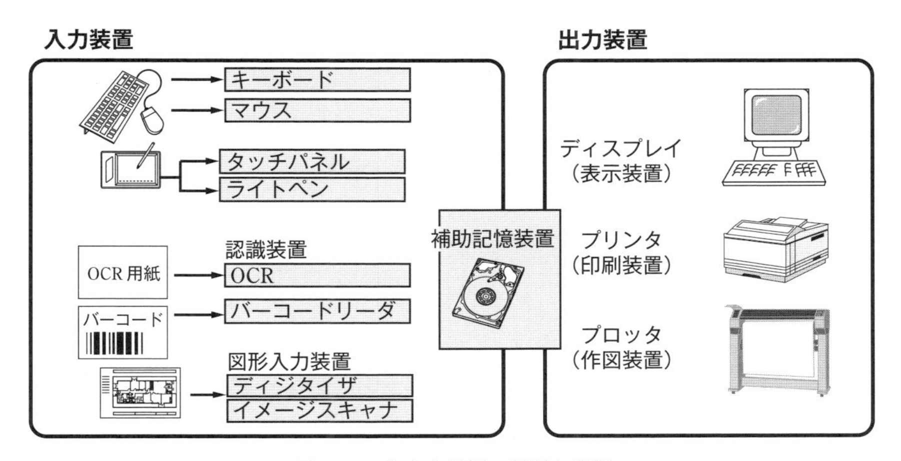

図 4・33　入出力機器の種類と概要

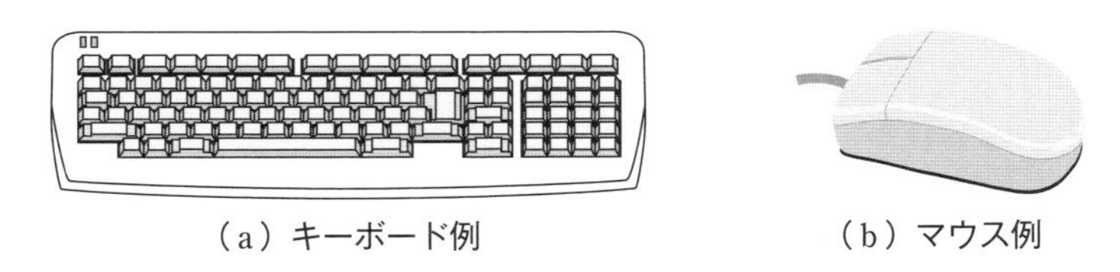

（a）キーボード例　　（b）マウス例

図 4・34　キーボードとマウス

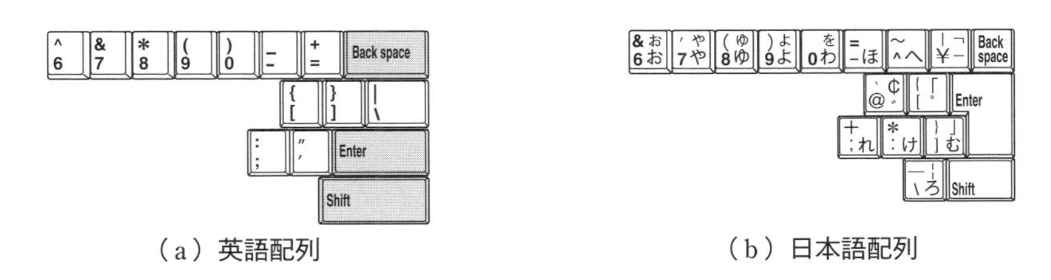

（a）英語配列　　（b）日本語配列

図 4・35　キーボードの配列

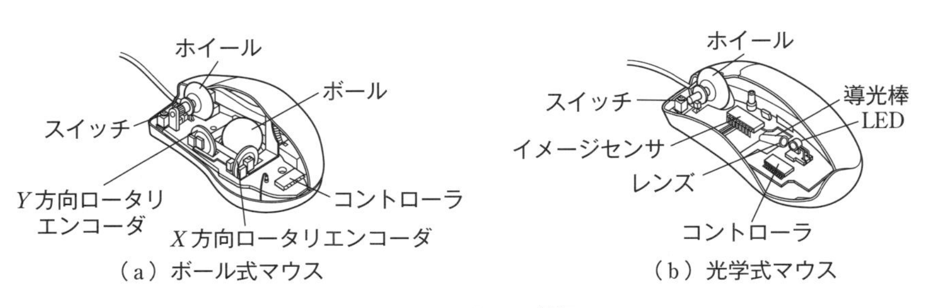

（a）ボール式マウス　　（b）光学式マウス

図 4・36　マウスの種類

出力装置

出力装置の代表的な例としては，図 **4・37** の**ディスプレイ**や図 **4・38** の**プリンタ**などが挙げられます．

ディスプレイは文字や画像を画面に表示する出力装置で，**CRT**（Cathode Ray Tube）方式や**液晶**（**LCD**：Liquid Crystal Display）方式などがあります．現在では図 4・37（b）の液晶方式が主流になっています．インタフェースとしては VGA や DVI，HDMI が主です．

プリンタは文字や画像を紙などに印刷する出力装置で，感熱方式，ドットインパクト方式，**インクジェット方式**，**レーザ方式**などがあります．

感熱方式は図 **4・39**（a）のように熱に反応して色が変わる感熱紙を用いた方式で，キャッシュレジスタなどのレシート印刷によく使われています．

ドットインパクト方式は図 4・39（b）のようにプリンタのヘッドにたくさんの針があり，その針を打ち出してインクが付いた帯を紙にたたき付けることで印字します．主に複写式の帳票などに使われます．

インクジェット方式は図 4・39（c）のように印字ヘッドにある小さなノズルから液状のインクを吐出させて紙に印字する方式です．カラー化が容易で，主に家庭用として使われています．

レーザ方式は図 4・39（d）のようにドラムにレーザで文字の形を帯電させることで，トナーが付きます．トナーは紙に転写され，熱によって定着させることで紙に印字します．高速に印字することができますので，主に業務用として使われています．

プリンタのインタフェースとしては，現在では USB，無線 LAN での接続が主ですが，2000 年以前は，セントロニクス，IEEE1284，SCSI，GPIB などのインタフェースが使われていました．

入出力装置としての補助記憶装置

補助記憶装置には，図 **4・40** のように情報を記憶装置に入力する入力装置としての働きと，情報を記憶装置から受領する出力装置としての働きがあります．

この補助記憶装置の種類としては，HDD，SSD，CD-ROM/DVD，テープドライブ，USB メモリなどがあります．

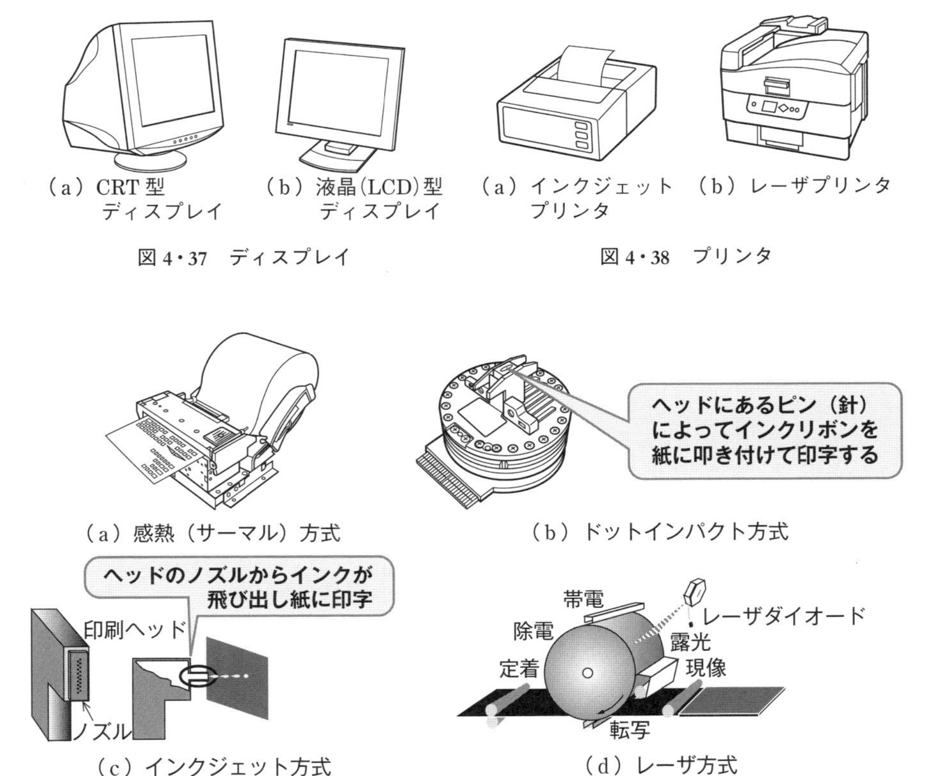

図4・37　ディスプレイ

図4・38　プリンタ

図4・39　各種プリンタの方式

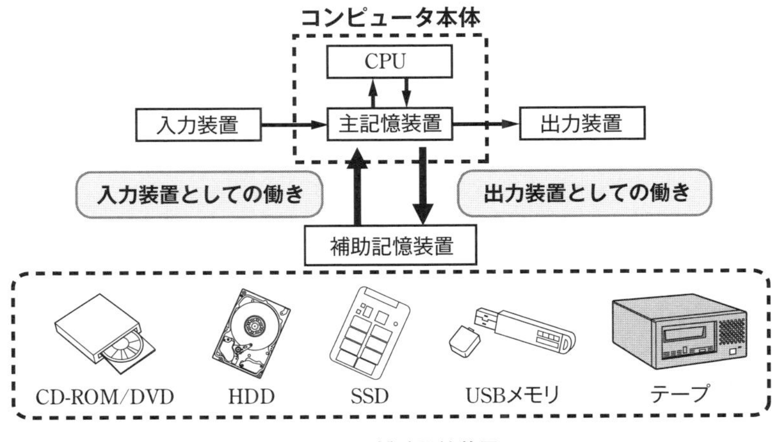

図4・40　補助記憶装置

〔1〕光ディスク

光ディスクの種類には**CD**（Compact Disk），**DVD**（Digital Versatile Disk），**BD**（Blu-ray Disk）などがあり，CDでは650Mバイト，DVDでは4.7Gバイト，BDでは23～50Gバイトまでの情報が記憶できます．また，光ディスクにはあらかじめ情報が記録されている読み込み専用のディスクと，後から情報を書き込むことができる記録型があります．光ディスクの再生の原理は，図4･41のようにレーザ光をディスクの記録面に当てて，その反射光を検出することで1と0を判断します．また，記録型の光ディスクの記録の原理は，記録面に塗布された化学物質にレーザを当てることにより材料を変化させ，その変化によって1と0を記録します．この方式には有機色素の分解による方法や，アモルファス金属の結晶化・非結晶化による方式などがあります．

〔2〕HDD

HDD（Hard Disk Drive）では図4･42（a）に示すように，円盤状の磁気が塗布されたディスクに磁気ヘッドを用いて情報の読み書きを磁気的に行います．

これによって磁気ディスク上にたくさんの磁石が水平に並んでいる形となり，この磁石のN，Sによって1と0を判断します．この方式は，水平磁気記録方式と呼ばれますが，2005年以降，たくさんの磁石を垂直に並べた垂直磁気記録方式（図4･42（b））が主流となっています．

HDDの性能は記憶容量や動作速度の一つである**平均アクセス時間**などによって表されます．平均アクセス時間は以下の式で算出されます．

平均アクセス時間 = 平均待ち時間＋データ転送時間
平均待ち時間 = 平均回転待ち時間＋平均シーク時間
平均回転待ち時間 = 回転時間÷2

なお，平均回転待ち時間はデータが磁気ヘッドに来るまでの時間の平均であり，最小時間はヘッドの下にある場合で0，最大は1回転待ちとなるため，平均としては1/2となります．

また，データ転送時間は，ヘッドが情報の読み書きに要する時間であり，**平均シーク時間**はヘッドを目的の場所に移動する時間を表します．図4･43に平均アクセス時間の例を示します．

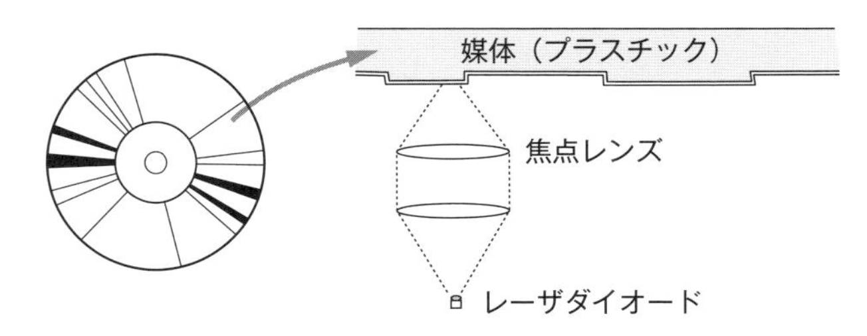

図 4・41　光ディスク

トラックに沿って磁石が並んでいるようなもの

（a）水平磁気記録方式

垂直方向に磁石が並んでいるようなもの

（b）垂直磁気記録方式

図 4・42　HDD（ハードディスクドライブ）

回転数が 6 000 回転 / 分*の場合，1 分間に 6 000 回転なので，1 回転は 10 ms．よって平均回転待ち時間はその半分の 5 ms

平均シーク時間	平均回転待ち時間	データ転送時間

平均待ち時間（平均シーク時間＋平均回転待ち時間）

平均アクセス時間（平均シーク時間＋平均回転待ち時間＋データ転送時間）

図 4・43　平均アクセス時間

*　回転 / 分は SI 単位では min^{-1} で表します．また，一般的には rpm とも表します．

〔3〕磁気テープ

磁気テープは，カートリッジの形状や記録方式によってDLT方式，LTO方式，AIT方式などがあり，2019年現在1本の磁気テープカートリッジに12Tバイトの情報が記憶できるようになっており，今後も数十倍の大容量化が見込まれています．

磁気テープそのものは図4･44のように薄いテープ状になっており，このテープの上に磁気が塗布されています．磁気テープは，カートリッジ内に数百mの長さで巻かれて収められています．磁気テープは，一度に大量の情報を順次読み書きすることに優れていますが，小さな情報をランダムに読み書きするような目的には向いていません．そのため，磁気テープは大量の情報をまとめて保存するようなバックアップやアーカイブなどの用途に主に使われます．

〔4〕半導体ディスク

半導体ディスクは，ハードディスクに近い用途なのでそのように呼ばれていますが，ディスクではなく，半導体のフラッシュメモリで実現された補助記憶装置で，**USBメモリ**や**SSD**（Solid State Drive）などがあります．

フラッシュメモリは，電荷を溜める領域（フローティングポイント）が絶縁体で挟まれているため（図4･45），電源が切れても電荷（データ）は残ります．電荷を溜めるには絶縁体に高い負荷（高電圧）を掛ける必要があるため，使いすぎる（数百万回程度）と素子が壊れる可能性があります．

図4･46に示すUSBメモリは，コンピュータから見た場合には補助記憶装置に見えるようにソフトウェアで処理されています．HDDと比べたときの長所は，モータがないため騒音がない，シーク時間がなく読出し速度が速い，衝撃に強いなどがあります．最近では携帯型の補助記憶装置として主に使われています．

SSDには図4･47のように，HDDと同じ形状のインタフェースや新たに開発されたM.2規格が用いられており，HDDに比べて高速，高耐衝撃性，低消費電力に優れ，一部のコンピュータではHDDに置き換わってきています．ただし，容量はHDDに比べて小さく，高価であり，書換え可能回数に上限があるという短所などがあります．この書換え回数を伸ばすために，**ウェアレベリング**（wear leveling）という書換えが一つの素子に集中しないように制御する技術が使われています．

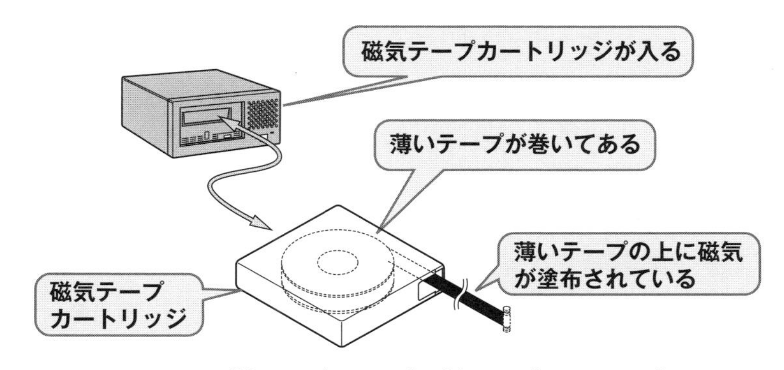

図 4・44 磁気テープドライブと磁気テープカートリッジ

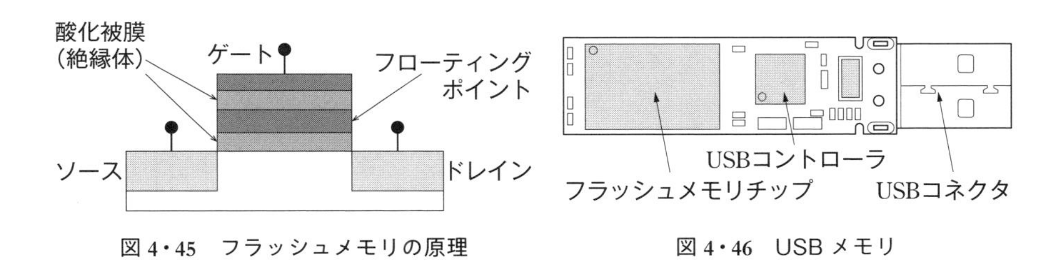

図 4・45 フラッシュメモリの原理

図 4・46 USB メモリ

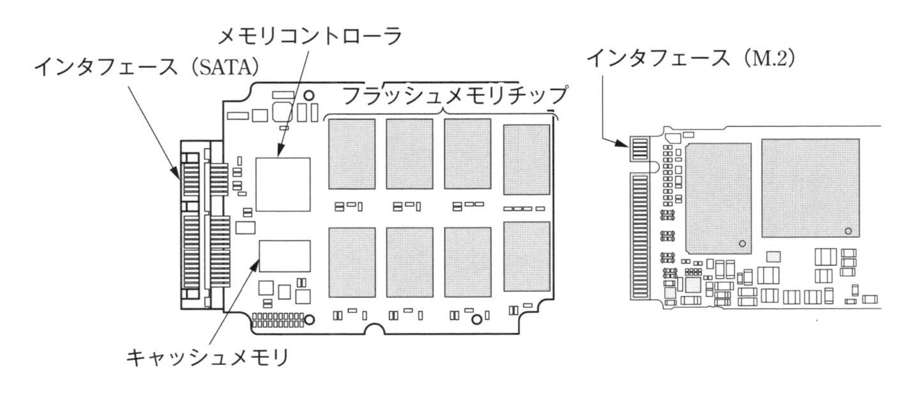

図 4・47 SSD の構造

練習問題

【1】 次の用語について簡単に述べなさい.

(1) 記憶装置　(2) インタフェース　(3) 内部バス

(4) 仮想記憶　(5) キャッシュ

【2】 図 4・48 の □ 内を埋めなさい.

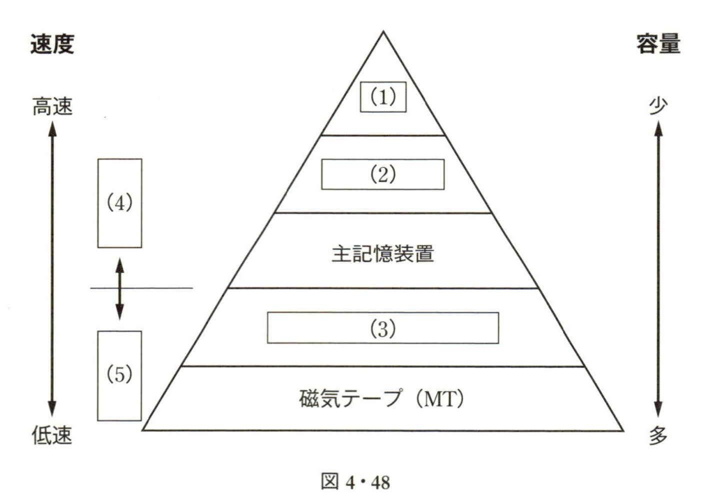

図 4・48

【3】 ROM と RAM の違いについて簡単に説明しなさい.

【4】 内部バスのアドレスバスの幅が 10 ビットで, データバスの幅が 16 ビットの CPU があります. この CPU が扱うことができるメモリの容量はいくつですか.

【5】 以下の外部インタフェースについて簡単に説明しなさい.

(1) DVI　(2) USB　(3) SATA　(4) PCI-e

【6】 データ転送時間 2 ms, 平均シーク時間 3 ms, 回転数が 6 000 回転 / 分のディスクの平均アクセス時間を求めなさい.

5章 プログラムとアルゴリズム

➡ハードウェアはCPUからの制御信号に従って動作します．その制御信号はソフトウェアであるプログラムによって与えられます．

➡この章では，プログラムとそのつくり方，またプログラムの論理的な背景であるアルゴリズムについて学びます．

1 プログラムとプログラミング言語

コンピュータは，CPUの動作を決定する命令に従って動作します．この命令とその実行される順番をまとめたものを**プログラム**（Program）と呼びます．プログラムには予定表という意味がありますので，コンピュータのプログラムは，CPUの動作予定表ということになります．

ここではプログラムとプログラムを記述するために必要な**プログラミング言語**について概説します．

プログラム内蔵方式

現在使用されている一般的なコンピュータは，ほとんどすべてがフォン・ノイマンによって提唱された**プログラム内蔵**（Stored Program）**方式**のコンピュータです．この方式は1章でも紹介しているとおり，外部から与えられたプログラムをコンピュータ内部に記憶し（store），それに基づいて動作するもので，プログラムを交換することで，コンピュータに実行させる処理を簡単に変更できるという特徴があります．

機械語

前述したとおり，プログラムの中身は，CPUの動作命令がその順番どおりに並んだものです．この一つひとつの命令は2進符号で表現（**バイナリ表現**）されており，3章3節で説明したように，順番にCPUに読み込まれていき，命令デコーダでどのような命令か解読し，実際の動作が行われます．つまり，バイナリ表現された命令をCPU（機械）が読んで解釈しているのです．そのため，命令をバイナリ表現したものを，機械が読んで理解できる言語という意味で**機械語**（Machine Language）と呼びます．また，機械語で記述されたプログラムを**実行可能プログラム**（Executable Program）または**バイナリプログラム**（Binary Program）と呼びます．

アセンブリ言語

コンピュータのプログラムをつくるということは，機械語を使ってCPUの動作内容と順番を記述することに相当します．しかし，プログラムを作成する人間には，バイナリ表現の命令を使って，プログラムを作成することは容易ではありません．そのため，バイナリ表現の命令を人間にとって意味がわかるような文字列で表記した**アセンブリ言語**（Assembly Language）がつくられました．

アセンブリ言語は，機械語の命令に対応した文字列（ニーモニック）を使って記述します．**図5･1**のように，例えばバイナリ表現の命令が16進表記で`10000027`ならば，アセンブリ言語では`LD GR0, AA`のようになり，`LD`（データを読み込む，LoaDの意味）が初めの2桁の`10`，`GR0`（汎用レジスタ，General purpose Registerの0番の意味）が次の2桁の`00`，`AA`（メモリ上のアドレスを`AA`と表記）が残る4桁の`0027`に対応します．このように，アセンブリ言語では機械語と1対1で対応する記述が決められており，機械的に相互変換が可能です．このうち，アセンブリ言語から機械語への変換を**アセンブル**（Assemble），機械語からアセンブリ言語への変換を**逆アセンブル**（Disassemble）と呼びます．

通常，この変換は人間が行うのではなく，プログラムによって行われ，アセンブルするためのプログラムを**アセンブラ**（Assembler），逆アセンブルするためのプログラムを**逆アセンブラ**（Disassembler）と呼びます．

アセンブラとアセンブリ言語が登場したことによって，人間はプログラムをつくりやすくなりましたが，それでもCPUの動作命令を直接記述することには変わりなく，CPUの仕組みに精通した人でないとプログラムをつくることはできません．また，CPUによっては，数百種類もの命令があり，新しくCPUができれば，そのCPU用の新しい命令を覚えなければなりません．

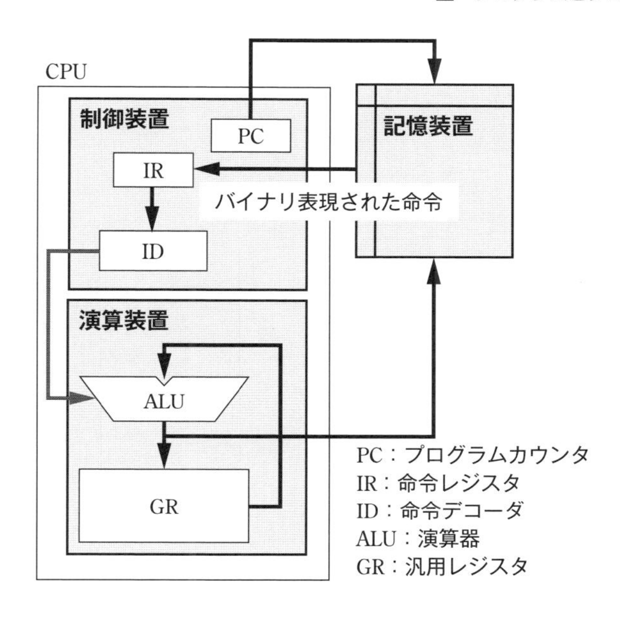

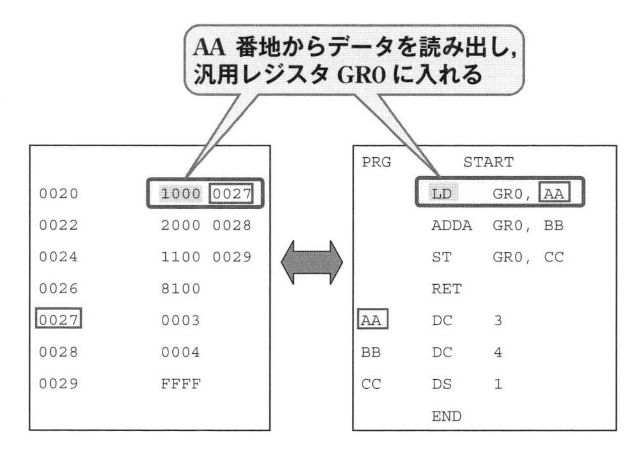

図 5・1　CPU による命令の実行とアセンブリ言語

プログラミング言語

このように機械語やアセンブリ言語でのプログラム作成（これを**プログラミング**という）はとても難しいため，もっとプログラミングしやすいような言語が多数つくられました．機械語やアセンブリ言語を含め，これらの言語を**プログラミング言語**と呼びます．

機械語やアセンブリ言語を除くプログラミング言語は，単純に機械語に変換することができないため，「機械語に**翻訳**する」といいます．また，この翻訳にはアセンブラよりも複雑なプログラムが必要となります．そのような翻訳用のプログラムを**コンパイラ**（Compiler），その変換作業は**コンパイル**（Compile）と呼びます（図5･2）．アセンブラやコンパイラのように，プログラミング言語を機械語に変換するようなプログラムのことを総称して，**言語処理プログラム**または**言語プロセッサ**と呼びます．

2 アルゴリズム

前節で説明したとおり，プログラムはさまざまなプログラミング言語でつくることができますが，どのような処理をどのような順番で実現するかについては，言語の違いは関係ありません．このような，処理の本質の部分のことを**アルゴリズム**（Algorithm）と呼びます．

アルゴリズムは，もともとは筆算により行う計算のことを意味しており，問題の解き方を指す言葉です．現在では，コンピュータのプログラムが，どのような目的のために，どのような処理をどのような順序で実行していくかを決めたものをアルゴリズムと呼んでいます．なお，厳密には，アルゴリズムは，**有限回の処理**の手順で終了し，**目的を達成**できるものを指します（図5･3）．

すなわち，アルゴリズムとは，目的を達成するために，人間が頭の中で決めた処理の手順であり，プログラミングとは，その処理の手順を，決められたプログラミング言語で表現することを意味します．そのため，プログラミングをする前に，アルゴリズムがきちんと決まっていないと，正しくプログラミングをすることができません．しかし，頭の中だけでアルゴリズムをきちんと決めることは難しいため，文字などで記述して，その内容について検討する必要があります．

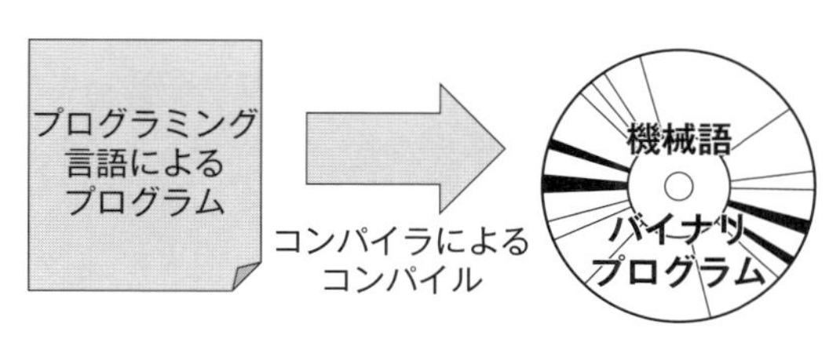

図 5・2　コンパイル

アルゴリズムに必要な条件

①処理要求に対して論理的に正しい結果を導くこと
- ユーザが意図する通りの処理を実行する
- 特定の場合だけに有効な手段であってはならない

　（＝一般性）

②処理に論理的に矛盾がないこと
- 異常終了したり，目的の結果が得られなかったりしないこと
- 曖昧さや任意性があってはならない

　（＝明確性）

③処理がある有限な時間で終了すること
- 無限ループに陥らないこと

　（＝停止性）

図 5・3　アルゴリズムに必要な条件

アルゴリズムの表記

アルゴリズムを文章で記述する場合，表現の仕方によっては，異なる解釈が可能になってしまうこともあります．また，解釈の自由度が比較的低めの箇条書きによる表現も，「～が多ければ」や「数値が大きい間」のように，コンピュータでは単純には扱えないような，曖昧な表現を使ってしまうことがあります．このように，自然言語を使用する場合は，解釈の違いや曖昧さを含んだ表現をなくすことは困難です．そのため，アルゴリズムを記述するための人工言語や図表などによる記述方法が多数考えられました．このうち，専門的な知識をもたなくても，アルゴリズムを記述できるのが，図表による表現方法です．

アルゴリズムの図表表現方法には，**NS チャート**（Nassi-Shneiderman Diagram），**PAD**（Problem Analysis Diagram），**フローチャート**（Flowchart）などがあります（図 5･4）．これらの中で，最も広く普及しているのがフローチャートです．

フローチャート

フローチャートは，1920 年代前半に生産工程を管理する図表として提案されました．日本では 1970 年に JIS X 0121 として標準化されています．

フローチャートでは，表 5･1 のような図形で個々の処理を表現し，矢印でその処理と処理の推移（流れ：flow）を表現しています．ここで，簡単な例を使って，代表的な図形の意味と表記方法について説明します．

ここでは，アルゴリズムとはどのようなものなのかについて学びます．

アルゴリズムの定義

図 5･5 は，入力された整数が偶数か奇数かを判定した結果を表示するアルゴリズムを表記したものです．まず，フローチャートには必ず始まりと終わりを表す図形（端子）を描きます．アルゴリズムは始まりの端子「開始」から出発し，矢印に従って進んで，最後に終わりの端子「終了」に到達します．途中で流れが分岐するような表記をすることもありますが，実際にはそのうちのどれか一つの流れにしか進みません（並列処理などの特殊な場合を除く）．また，終了に到着しないような流れを表記しないようにします．

このアルゴリズムでは，スタートするとまず整数 n の入力（平行四辺形部分）

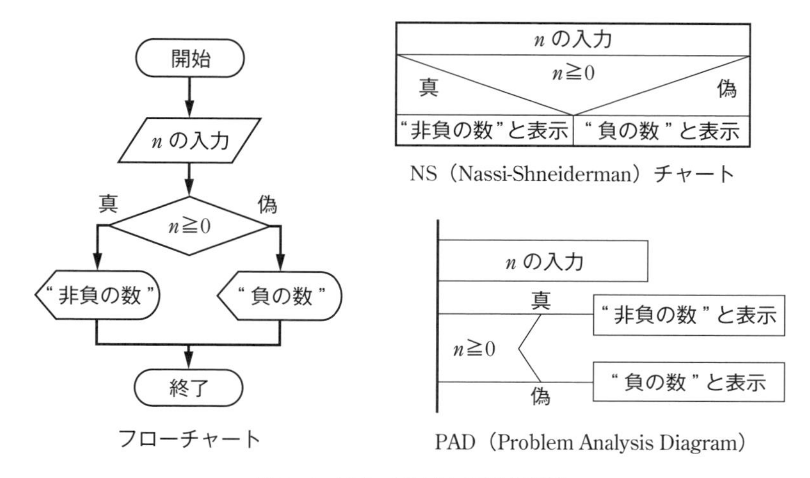

図 5・4　アルゴリズムの図表表現

表 5・1

記　号	意味・役割
	端子 （開始，終了）
	処理（手続き）
	データの 入出力
	流れ（推移）
	条件判断
	ループ（開始）
	ループ（終了）
	表示

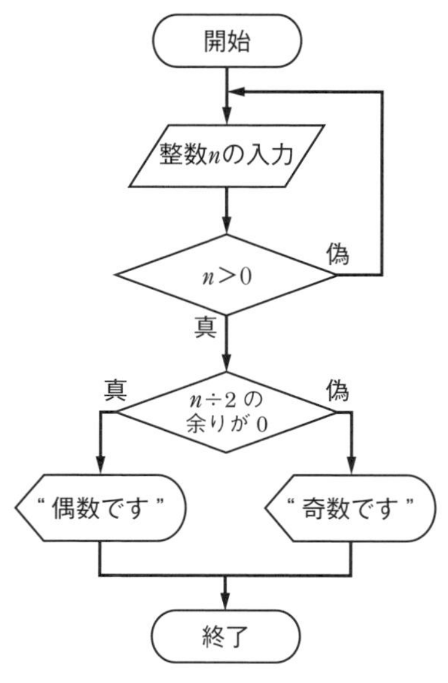

図 5・5　偶数・奇数を判定するフローチャート

を行います．次にnが正の数かを判定（ひし形部分）し，正でない場合は整数nの入力に戻ります．一方，正の場合はnを2で割った余りを判定（ひし形部分）し，0の場合は「偶数です」，また，0以外の場合は「奇数です」と表示（一方がとがった楕円のような図形部分）して，終了の端子に到達します．

制御構造

アルゴリズムの流れには，3種類の形があり，これらをまとめて**制御構造**と呼びます．

順次構造（図5･6）は，一つひとつの処理が順次進んでいく形で，順構造とも呼ばれます．

選択構造（図5･7）は，条件によって複数の流れの中から一つを選択して進んでいく形で，分岐構造とも呼ばれます．

反復構造（図5･8）は，条件によって流れをさかのぼり，何度も同じ処理が行われる形で，繰返し構造とも呼ばれます（図（b）は繰返しを強調する場合の表記）．

一般的なアルゴリズムであれば，これら三つの制御構造の組合せで表現できることが知られています．

3 プログラミング言語と言語処理プログラム

プログラミング言語は，アルゴリズムを記述してプログラムを作成するための人工言語です．

ここでは，プログラミング言語やプログラミング言語を実行するために必要となる言語処理プログラムについて説明します．

言語処理プログラム

1節「プログラムとプログラミング言語」の項で説明したとおり，機械語以外のプログラミング言語で書かれたプログラムを機械語のバイナリプログラムにするためには**言語処理プログラム**（**言語プロセッサ**）を用います．言語処理プログラムには，コンパイラやアセンブラ以外にも，**リンカ**（Linker）や**インタプリタ**（Interpreter）などがあります．コンパイラやアセンブラによって作成されたバイナリプログラムには，CPUの内部で行われる演算処理に対する命令と，シス

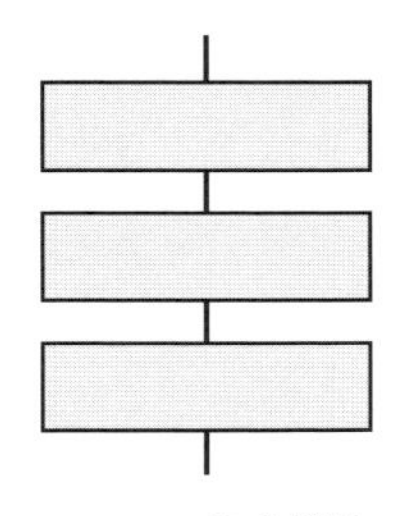

図 5・6　順次構造

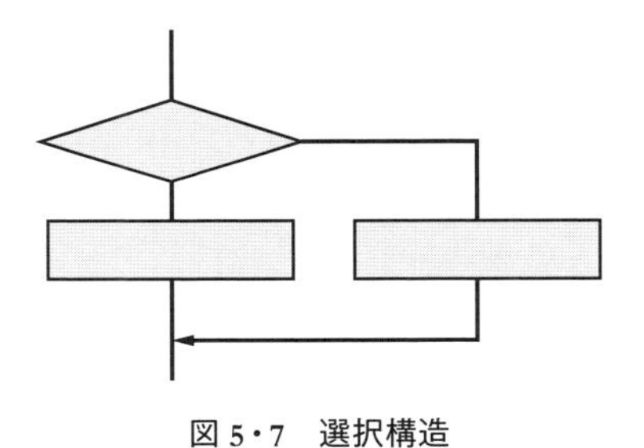

図 5・7　選択構造

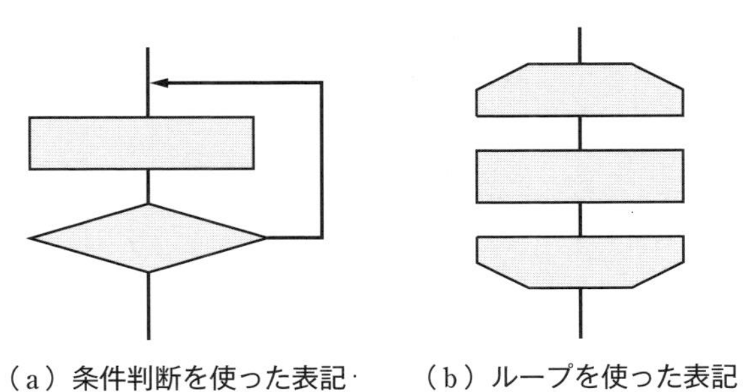

図 5・8　反復構造

テム（OS）などに事前に定義されている処理（**ライブラリ**など）を呼び出す命令が含まれています．事前に定義されている処理には，ディスプレイ上に文字を表示したり，ファイルを作成するなどの処理があり，リンカはこれらの処理を呼び出せるように（link）するためのプログラムです（図 5･9）．

コンパイラは，プログラム全体を一括して機械語に翻訳し，バイナリプログラムを作成します．そのため，プログラムの一部に誤りがあるとバイナリプログラムを作成することができません．それに対し，インタプリタは，プログラミング言語の命令一つひとつを逐次，機械語に翻訳し，そのまま実行します．そのため，動作速度が遅く，バイナリプログラムがつくられることもありませんが，図 5･10 のようにプログラムの一部に誤りがあっても，そこまでの処理が実行可能なため，完成していないプログラムの動作を確認したり，試作プログラムを作成（プロトタイピング）したりするのに適しています．

コンパイラの動作

ここでは，コンパイラの動作について詳しく説明します．コンパイラの翻訳（コンパイル）対象であるプログラミング言語は，アセンブリ言語と異なり一つひとつの命令が単純に機械語の命令に対応しているわけではないため，バイナリプログラムができあがるまでには，複雑な処理が必要となります．

コンパイラの処理の手順は図 5･11 のとおりです．

①　読込み

コンパイルの対象となるプログラムを読み込みます．このとき読み込まれるプログラムを，バイナリプログラムのもとになるプログラムということで，**ソースプログラム**または**原始プログラム**と呼びます．

②　字句解析

読み込んだプログラムを1文字ずつ確認し，命令を構成する命令や数値などの基本的な要素を，**字句**（**トークン**）単位にまとめます．

③　構文解析

まとめられた字句の並びを調べ，前後関係や文法上の誤りがないかの確認をした上で，命令を構成する字句同士のつながり（**構文**）を確認します．

④　最適化

字句同士のつながりを可能な限りまとめることで，むだな命令が作成されない

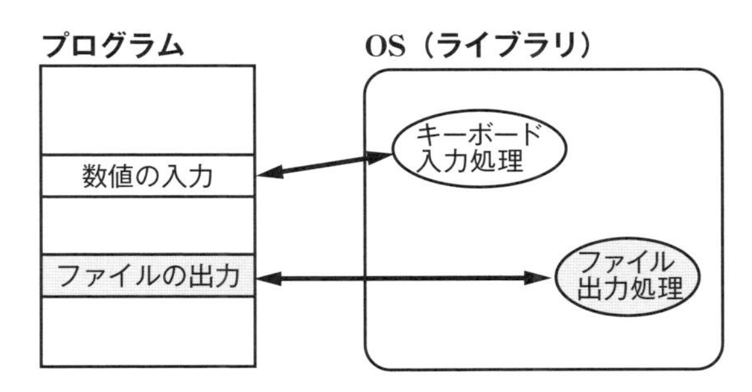

図5・9　リンカによるライブラリとのリンク

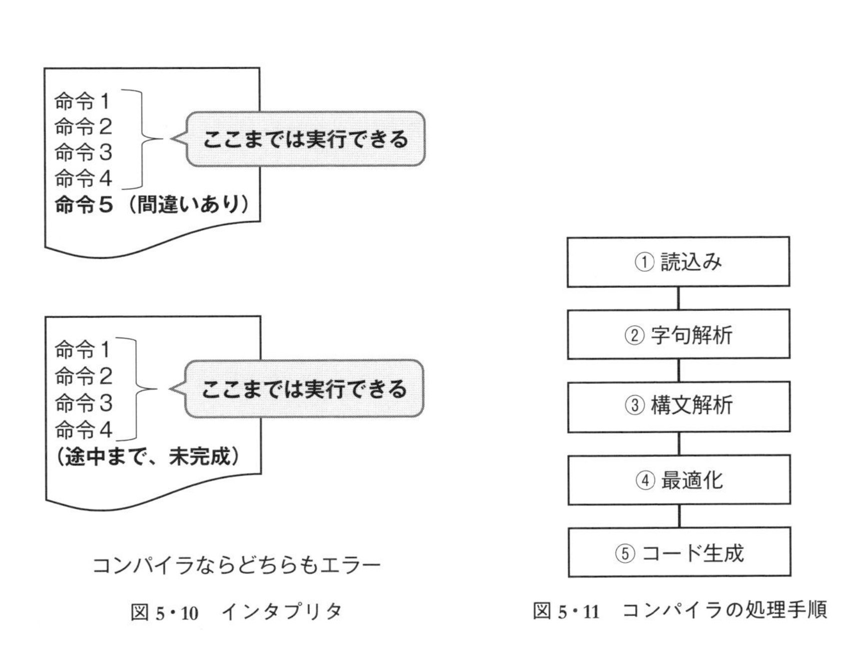

図5・10　インタプリタ

図5・11　コンパイラの処理手順

ようにします．

⑤　**コード生成**

各構文に対応する命令の，**バイナリコード**（**命令コード**）を生成します．

なお，通常，生成されたコードには事前に定義されている処理の呼び出し命令が含まれているため，前述の項で示したリンカによるリンクが必要となります．

プログラミング言語の種類

プログラミング言語にはさまざまなものがあり，それらは特徴ごとに分類されています．ここでは，その分類方法についていくつか紹介します（図5･12）．

〔1〕高水準と低水準

プログラミング言語のうち，機械語やアセンブリ言語のように，CPUの動作命令を直接決定するようなものを**低水準言語**もしくは**低級言語**と呼びます．それに対して，人間が考えるアルゴリズムをそのまま記述できる言語を**高水準言語**もしくは**高級言語**と呼びます．

低水準言語は，CPUの仕組みを理解していないとプログラミングすることができませんが，むだな動作命令を実行する必要がないので，性能の低い処理装置や限られた記憶装置しか使えない組込みコンピュータなどに適しています．

一方の高水準言語は，CPUの仕組みを理解していなくても，アルゴリズムをつくることができればプログラミングできますが，実行可能なバイナリプログラムを作成するためには，コンパイルが必要なため，最適化などを行っても，むだな処理をなくすことは困難です．そのため，高性能な処理装置や十分な容量をもった記憶装置をもっているコンピュータで使用する必要があります．

〔2〕汎用と専用

ある特定の用途においてのみ使うことができるプログラミング言語を**専用言語**もしくは**ドメイン固有言語**と呼びます．例えば，論理回路などのハードウェア設計のためのVerilog（図5･13）や科学計算向けのMATLAB，統計処理を行うためのS，データベース管理のためのSQLなどがあります．これらの言語は，コンピュータにあまり詳しくなくても，対象となる特定の分野の知識をもっていれば使用することができますが，その分野とは関係のない用途のプログラムを作成することは困難です．これに対して，どのような用途のプログラムでも作成できるものを汎用言語と呼びます．一般的に知られているプログラミング言語の多くは

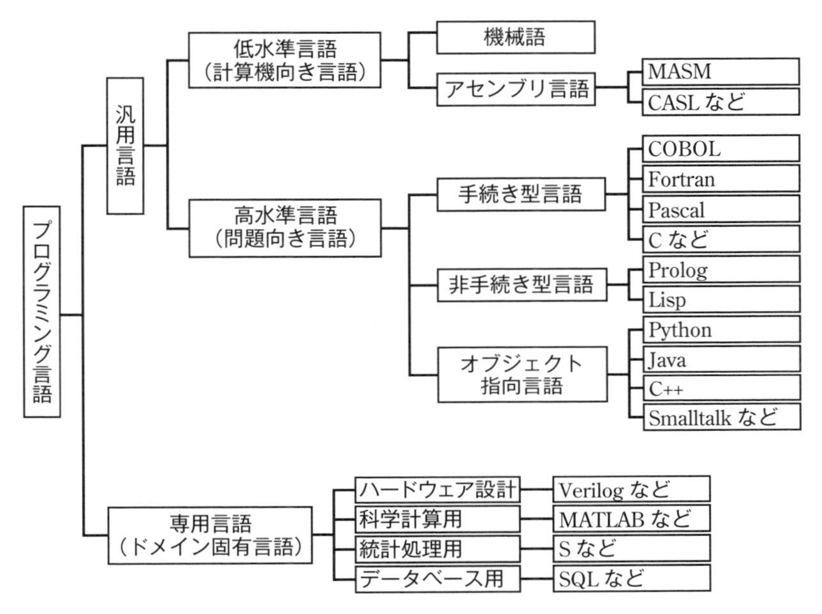

図 5・12 プログラミング言語の種類

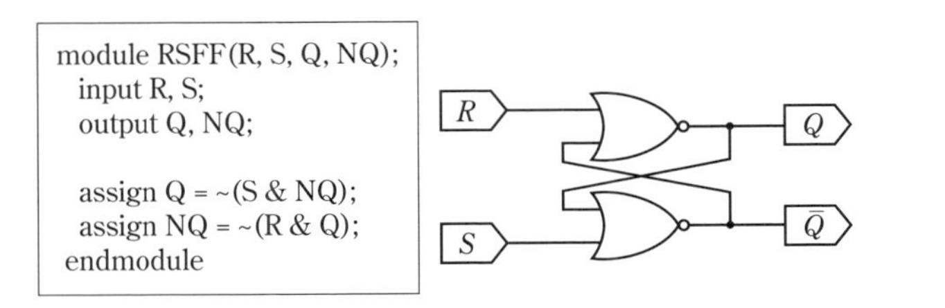

図 5・13 Verilog で記述したフリップフロップ(RS-FF)

汎用言語です．専用言語と異なり，コンピュータについての知識がある程度ないとプログラムを作成することはできません．

〔3〕手続き型と非手続き型

アルゴリズムは，問題を解くための処理とその手順を決定するものですが，それに従ってプログラミングできる言語は，通常，**手続き型言語**もしくは命令型言語と呼ばれています．一般的にプログラミング言語として知られているものの多くは手続き型言語です．

これに対して，解きたい問題がどのようなものかを記述し，その問題自体を解く方法はコンピュータに任せるようなプログラミング言語が存在しています．このような種類の言語は，手続き型ではない，という意味で**非手続き型言語**と呼ばれたり，宣言型言語と呼ばれたりします．

非手続き型言語の代表的なものとしては，Prolog や Lisp があります．

モデリングとオブジェクト指向言語

モデリングとは，対象となるものの模型（Model）をつくることです．一般的に模型というと，建物などを何分の１かに縮尺した見本のようなものをイメージしますが，物体の運動法則を数式で表した運動方程式なども模型の一種で，数理モデルと呼ばれます．モデリングでは，目的に合わせて対象物を別のもので表現することが大切です．コンピュータにおいても，対象物を処理するためにはモデリングが必要です．コンピュータにおけるモデリングは，プログラムで処理しやすいように対象となるものを数値や文字などで表現することを意味します．

例えば，長方形を描画することを目的とする場合，左上と右下の座標を表すために合計四つの数値でモデリングします．また，面積を求めることを目的とした場合は，長辺と短辺の長さを表す二つの数値でモデリングします（**図 5･14**）．

対象物を数値でモデリングしたときに注意しなければならないのが，不正値の問題です．例えば，長方形の辺の長さが負の値になることはあり得ませんが，いったんモデリングしてしまうと，辺の長さは単なる数値となるため，負の値を取ることが可能になります．この問題を避けるためには，プログラムを注意深く作成し，不正値にならないようにするしかありません．しかし，プログラムは人間が作成するものなので，予期しないところで不正値になってしまう恐れがあります．

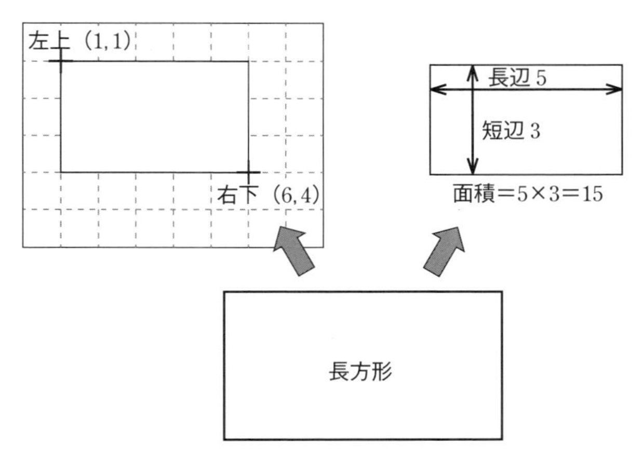

図 5・14　長方形のモデリング

コラム　AI（人工知能）とディープラーニング

通常のコンピュータはプログラムにより動作しますが，近年注目されている**AI**（Artifical Intelligence，**人工知能**）では，人間がプログラムを作成するのではなく，コンピュータが自ら学習（**自動学習**）することで高度な処理を実現しています．ただし，プログラムが全く不要というわけではなく，自動学習をするためのプログラムが必要です．

さまざまある自動学習の手法の一つである**ディープラーニング**（Deep Learning，**深層学習**）では，人間の脳細胞の処理を模倣する**ニューラルネットワーク**（Neural Network）と呼ばれる技術を応用し，画像や音声，自然言語の認識や推定などの分野で多くの成果を上げています．ただし，通常のプログラムのように処理の手順を明示することが困難なため，いつでも正しく動作することを保証できないという問題点も指摘されています．

このような問題を避けることができるのが**オブジェクト指向**プログラミング言語です．オブジェクト指向とは，オブジェクト（モデリングの対象物）のもつ特徴を内部属性（データ）と処理（メソッド）として表現したクラスと呼ばれるひな形を定義し，そのクラスから生成されたオブジェクトを用いてプログラムを作成する考え方です．オブジェクト指向では，内部属性に不正な値が与えられないように保護することができるため，長方形の例の場合，辺の長さが0以下の数値にならないような保護が可能です．近年では，プログラムを開発する際に広く用いられています．

さまざまなプログラミング言語

現在，プログラミング言語は数万種類あるともいわれています．ここでは，特に重要な言語をいくつか紹介します．また，図5･15にこれらの言語のプログラム例（Hello World と画面に表示）を示します．

〔1〕Fortran（FORTRAN）

1954年に初めてつくられた高水準の汎用手続き型言語で，主に科学技術計算に向いているため，昔からの多くの資産が存在しており，現在でも非常に多く利用されています（図5･15（a））．

〔2〕C

Fortranとともに広く利用されている高水準の汎用手続型言語で，UNIX OSを開発するために1972年につくられました．CPUのレジスタに直接指定した数値を与えることができるなど，低水準言語的な機能ももっています（図5･15(b)）．

〔3〕Java

1990年代につくられたオブジェクト指向の高水準汎用言語です．Cを参考につくられており，インターネットなどの利用についてもはじめから考慮されています．また，6章で述べる仮想マシンを用いているため，多くのOS上で，共通のバイナリプログラムを実行できます（図5･15（c））．

〔4〕Python

Javaと同時期につくられたオブジェクト指向の高水準汎用言語です．非常にシンプルな文法で簡単に記述することができ，他の言語との親和性も高いことから多くの場面で活用されています．また，作成したプログラムがインタプリタですぐに実行できるため，試作用途にも向いています．（図5･15（d））

```
      PROGRAM HELLO
      WRITE (6,10)
   10 FORMAT('Hello, world.')
      END
```

空白6文字

（a）Fortranのプログラム例

```
#include<stdio.h>
int main(void){
     printf("Hello, world.¥n");
}
```

（b）Cのプログラム例

```
public class HelloWorld{
  public static void main(String[] args){
    System.out.println("Hello, world.");
  }
}
```

（c）Javaのプログラム例

```
print("Hello, world")
```

（d）Pythonのプログラム例

図5・15　各種プログラム例

練習問題

【1】 次の用語について簡単に述べなさい．
　(1) 逆アセンブラ　(2) バイナリプログラム　(3) コンパイル

【2】 機械語を理解して，その処理を実行するきっかけをつくるのはCPUの中のどの部分か，答えなさい．

【3】 インタプリタで利用するプログラミング言語を調べ，一つ答えなさい．

【4】 コンパイルに成功したプログラムは正しいプログラムといえるか．理由とともに答えなさい．

【5】 *X-Y* 平面上に描画することを目的として，円をモデリングしなさい．

【6】 図5･16のフローチャートから，順次構造以外の制御構造を見つけ，その部分に印を付けなさい．

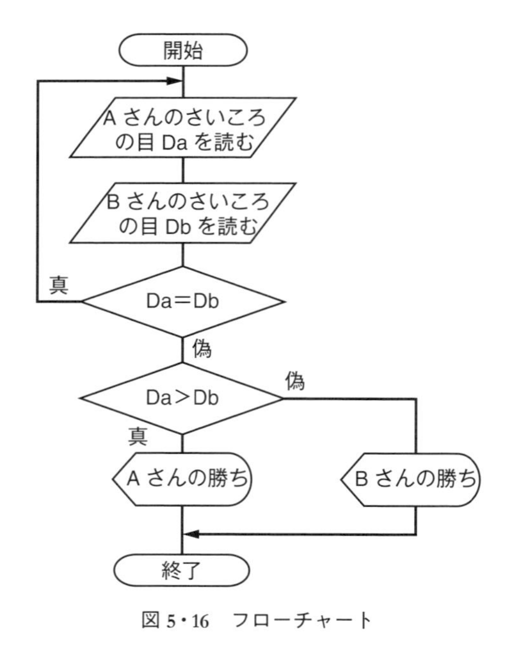

図5･16　フローチャート

【7】 入力された実数の絶対値を求めるアルゴリズムのフローチャートを作成しなさい．

6章 OSとアプリケーション

➡コンピュータのプログラムは，コンピュータの基本的な動作を決定するOSと応用的な使い方を実現するアプリケーションに分けられます．また，その中間的な役割を果たすミドルウェアもあります．

➡この章では，OSとアプリケーション，ミドルウェアについて学習します．

1 OS

OS（Operating System）は，基本ソフトウェアとも呼ばれ，コンピュータの基本的な動作を決定するためのプログラム群です．ここでは，OSの役割や構成について学びます．

OSの役割

OSには，ハードウェア資源の有効活用，単位時間当たりの処理能力（スループット）の向上，処理結果が出るまでの応答時間（ターンアラウンドタイム）の短縮，アプリケーションの負荷軽減，以下に示す**RASIS**（**レイシス**）の重視などにより，利用者に使いやすいコンピュータ環境を提供する目的があります．

- Reliability（信頼性）：故障しにくいこと
- Availability（可用性）：いつでも使えること
- Serviceability（保守性）：保守しやすいこと
- Integrity（保全性）：矛盾なく一貫性があること
- Security（機密性）：不正に使用されないこと

もし，OSがなければ，記憶装置のどこにファイルが保存されているのか，どのタイミングでCPUにプログラムを実行させるのか，プリンタなどの周辺機器をどのように動作させるのか，などをすべて利用者（のプログラム）が把握し，動作をさせなければなりません．OSはこれらの処理をすべて統括し，利用者に提供してくれます．

かつてのOSはコマンドと呼ばれる文字列の命令をキーボードで入力して操作

をする **CLI**（Command Line Interface）が主流でしたが，現在はマウスやタブレットを用いて直感的に操作ができる **GUI**（Graphical User Interface）が主流となっています．これは，より使いやすくOSが改良された結果だといえます．

OSの種類

OSには表6•1に示すような，さまざまな種類があります．これらはタスク管理の方式により，シングルタスクとマルチタスクに分けることができます．

タスクとは，コンピュータの行う一塊の処理（一つのプログラム）を表し，一般的なコンピュータでは，同時に複数のタスクが実行されるマルチタスクのOSが使用されています．本来ならCPUは一度に一つの処理しか実行することができないのですが，マルチタスクでは，タスクを細かく分けて少しずつ実行していくため，あたかも同時に複数のタスクが実行しているかのようにすることができます．

一方，シングルタスクでは，一度に一つのタスクだけしか実行できません．家電製品などの組込みコンピュータ向けOSでは，シングルタスクが主流です．

マルチタスクの詳細は本章3節の「タスク管理」の項で後述しますが，各タスクをどのように実行していくかはOSに任されているため，いつタスクが実行されるかはわかりません．そのため，機械の動作を制御する組込みコンピュータには，シングルタスクが向いていますが，データの入出力などの際，待ち時間が生じるなどのむだが多いため，多くの機器を制御する場合などは，マルチタスクを実現する必要性があります．そこで，各タスクの実行される時間についても管理できるようなタスク管理方式を採用したOSがつくられました．このようなOSを**リアルタイムOS**（**RTOS**：Real Time OS）と呼びます．

リアルタイムOSの一つμITRON（Micro Industrial TRON）は，日本でつくられたリアルタイムOSで，世界的に広く利用されています．

OSの構成

OSは，単一のプログラムではなく，たくさんのプログラムの集合体です．これらのプログラムは大別すると，図6•1のように，制御プログラム，言語処理プログラム（言語プロセッサ），サービスプログラム（ユーティリティ）に分けることができます．このうち，最も重要な役割を果たすのが制御プログラムである

表6・1　さまざまなOS

汎用コンピュータ	OS/360 z/OS（MVS） z/VM（VM/370） UXP/M（UTS/M） VOS3
ワークステーション	UNIX System V（AIX/Solaris/HP-UXなど） BSD UNIX（Free BSDなど） Linux（Redhat/SUSE/Debianなど）
パーソナル コンピュータ	DOS（PC-DOS/MS-DOS） Windows（3.1/95/NT/XP/7/10など） Mac OS（System7/8/9/Xなど） Linux（Redhat/SUSE/Debianなど）
組込みコンピュータ	μITRON VxWORKS Windows CE OS-9 Symbian OS Android*

*　Android以外の組込みコンピュータ向けOSはリアルタイムOS

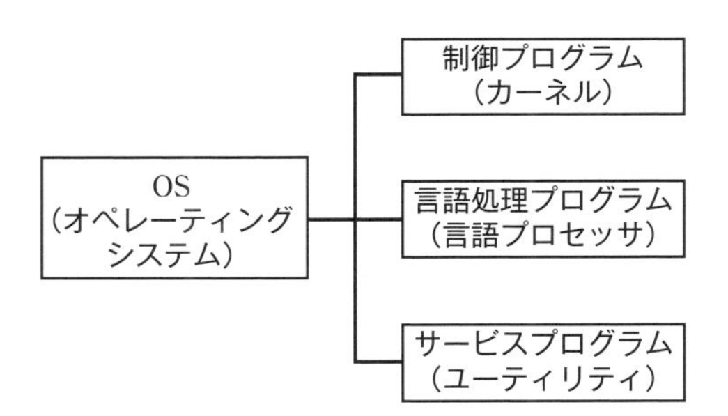

図6・1　OSの構成

ため，狭義のOSとして，制御プログラムだけを指すことがあります．

言語処理プログラムの位置付け

言語処理プログラム（**言語プロセッサ**）は，5章でも説明したとおり，作成したプログラムを実行できるようにするためのプログラムで，コンパイラ，リンカ，アセンブラ，インタプリタなどが含まれます．しかし，現在市販されている多くのOSでは，その利用者の多くがプログラムを作成しないことから，言語処理プログラムはほとんど含まれていません．

もともと，コンピュータを利用するためには，自分でプログラムを作成する必要がありました．そのため，OSには言語処理プログラムが必要でした．しかし最近は，ワープロや表計算ソフト，インターネットブラウザなどのアプリケーションプログラムが充実したことによって，利用者はプログラムを作成することなく，コンピュータを利用できるようになりました．

また，言語処理プログラムは非常に複雑なプログラムで，開発費用も多くかかることから，OSに含めないことで，値段を下げることが可能となります．

このような理由で，現在，言語処理プログラムはOSの一部ではなく，ワープロなどのアプリケーションと同様に，OSとは別の製品として販売されています．なお，別製品になったことで，言語プロセッサ自体も改良され，よりプログラム開発をしやすい**統合開発環境**（**IDE**）などに発展しています．

サービスプログラム（ユーティリティ）

OSの中核である制御プログラムは，タスク管理やファイル管理などを行いますが，これらの機能を利用者が使うためには，**サービスプログラム**（**ユーティリティ**）が必要になります．

表6･2はCLIで用いるUNIX OSのユーティリティで，**図6･2**はGUIで用いるmacOSのユーティリティです．

サービスプログラムは，不要なタスクを停止する，ファイルの内容を表示する，ファイルを削除する，システムの状況を表示する，などのあまり複雑でない定型的な処理を実行するために用意されたプログラムです．また，OSに初めから用意されている電卓やカレンダーなどのグラフィカルなプログラムもサービスプログラムの一種です．利用者はこれらのプログラムを介して，制御プログラムのさ

表 6・2　UNIX OS のユーティリティの一部（IEEE Std 1003.1-2017）

コマンド名	内　容	コマンド名	内　容
batch	バッチジョブの投入	mailx	電子メールの送受信
cal	カレンダー	man	マニュアルの表示
cat	ファイルの表示と接続	nice	プロセスの優先度操作
compress	ファイルの圧縮	ps	プロセスの一覧表示
cp	ファイルの複製生成	rm	ファイルの削除
date	日時表示	tail	ファイルの末尾取り出し
find	ファイルの検索	talk	文字チャット
jobs	ジョブの状態表示	uncompress	圧縮ファイルの解凍（展開）
kill	プロセスの停止	wc	ファイルの文字数カウント
ls	ファイルの一覧表示	who	システム利用者一覧

図 6・2　macOS のユーティリティ

まざまな機能を利用することができます.

制御プログラム

制御プログラムには，図6･3のような管理機能（役割）があります．また，これらを実現するためにハードウェアの制御を行います.

これらの役割のうち，**ジョブ管理**，**タスク管理**，**データ管理**が最も重要なOSの役割であることから，**OSの3大管理**と呼びます.

カーネル

一般的なOSでは，制御プログラムの役割を，**カーネル**（kernel）と呼ばれるプログラムが果たします．カーネルにはさまざまな役割があるため，昔からとても複雑なプログラムでした．さらに，コンピュータの機能が進化するに従い，カーネルは複雑さを増し，非常に巨大なプログラムとなっていきます．これにより，カーネル自体がメモリを多く使用してしまい，ほかのプログラムを実行させる余裕が少なくなるという問題が生じました.

また，一般にシステムは複雑さが増すに従い，トラブルが発生しやすくなりますが，カーネルにトラブルが発生すると，OS自体が動作できなくなってしまうことなどから，1990年代にはカーネルの肥大化は大きな問題となりました.

そこで，カーネルの役割を別のプログラムに分離する**マイクロカーネル**が考え出されました．マイクロカーネルでは，カーネルから分離可能な機能をできるだけ別のプログラムにすることでカーネルを軽量化します．これに対して，旧来の一元管理方式のカーネルを**モノリシック（一枚岩）カーネル**と呼びます（図6･4).

マイクロカーネルが注目されると，多くのOSがマイクロカーネル化を図ろうとします．しかしその後，マイクロカーネルでは，分離された各プログラムとカーネルの間でのデータのやり取り（通信）に大きなロスが生じてしまうことが明らかになりました．また，マイクロカーネル化を進めるうえで，カーネルの設計を根本から見直す機会ができたことから，マイクロカーネルの特徴を生かして，モノリシックカーネルを軽量化したハイブリットカーネルが登場し，現在，カーネルの主流になっています.

OSの3大管理

ジョブ管理　通信管理
タスク管理　運用管理
データ管理　障害管理
記憶管理　入出力管理

図6･3　制御プログラムの主な管理機能

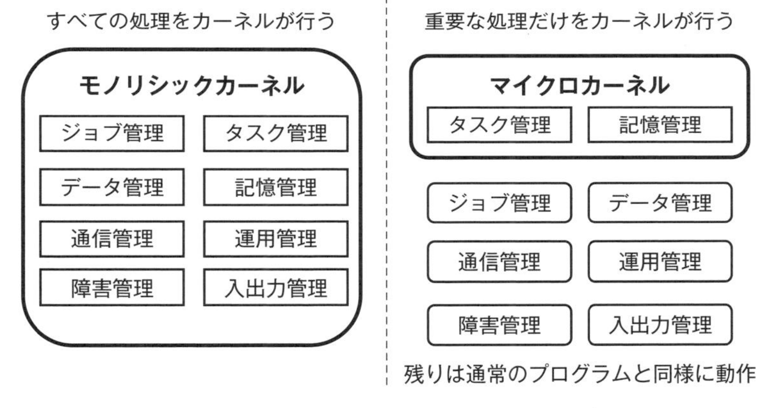

図6･4　マイクロカーネルとモノリシックカーネル

2 制御プログラムの役割

ここでは，制御プログラムのさまざまな役割について説明します．

ジョブ管理

ジョブ（Job）とは，利用者側から見たコンピュータに行わせる仕事の単位です（図6·5（a））．例えば，コンピュータに新しい利用者の登録をしたい場合，新しい利用者の登録をすることが一つのジョブとなります．しかし利用者を登録するためには，その利用者のアカウント（登録）を追加し，その利用者のパスワードを設定するとともにその利用者専用の記憶装置の割当てを行い，その利用者がどのような利用権限をもっているのか，などを設定する必要もあります．このように一つのジョブに対しコンピュータはいくつもの処理を行う必要があります．

ジョブ管理では，ジョブの実行や停止を行ったり，複数のジョブが実行された場合，どのような順番で実行するかを決定したり，指定した日時に実行するなどの**ジョブスケジューリング**やジョブの状況監視などの役割を果たします．

タスク管理

ジョブが利用者側から見た仕事の単位であるのに対して，**タスク**（Task）はコンピュータ側から見た仕事の単位ということになります（図6·5（b））．通常，一つのジョブは一つ以上のタスクの集まりです．また，タスクは**プロセス**（Process）とも呼ばれ，一般的には一つのプログラムに対応します．タスク管理では，タスクの実行や停止を行ったり，同時に複数のタスクを実行できるようにする**マルチタスク処理**を行ったりします．

〔1〕マルチタスク

CPUは同時に一つの処理しか実行できません．そこで，複数のタスクを交代しながら少しずつ実行することで，同時に複数のタスクが動いているかのようにしています．これを**マルチタスク**と呼びます．

コンピュータが非常に高価だった頃は，図6·6のように1台のコンピュータに複数の専用端末を接続して利用していました．利用者は一定の時間だけコンピュータの占有利用ができるようになっており，その時間が過ぎると次の利用者

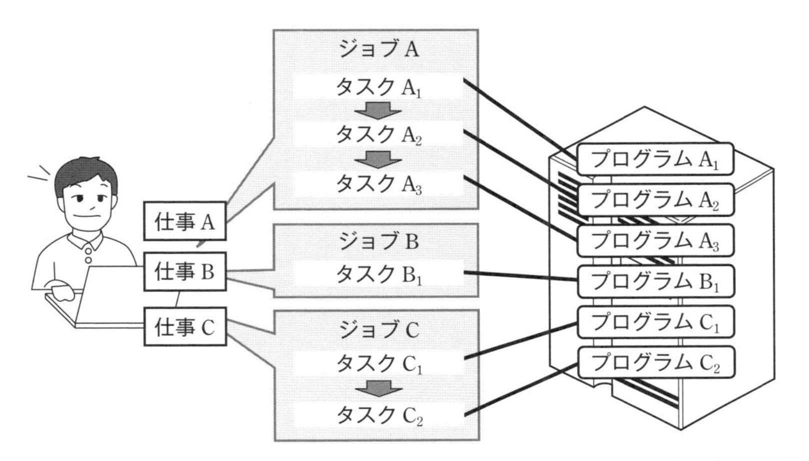

(a) 仕事とジョブの関係　(b) タスクとプログラムの関係

図6・5　ジョブとタスク

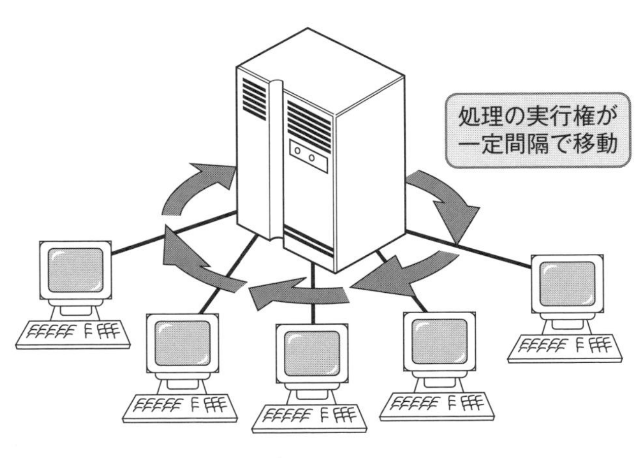

図6・6　TSS

に占有権が移っていきます．このように1台しかないコンピュータを交代しながら利用する方式を，**時分割システム**（**TSS**：Time Sharing System）と呼びます．マルチタスクは，TSSにおける利用者がタスクに替わったものといえます．

メモリ（主記憶装置）に読み込まれている実行中のタスク（プログラム）には，**実行状態**と**実行可能状態**，**待ち状態**（**実行不可状態**）の三つの状態があります．それぞれ，実行状態はCPUで実際に処理が行われている状態，実行可能状態はCPUでの実行を待っている状態，実行不可状態は入出力などの処理待ちで実行できない状態です．これらの状態を切り換えながら複数のタスクを交互に実行していきます．

次に図**6･7**を用いて，タスクの三つの状態について説明します．まずタスクを開始すると，タスクに対応するプログラムがメモリ上に読み込まれ，実行可能状態になります．その中から一つのタスクだけが，実際にCPUで処理が行われる実行状態になることができます．実行状態のタスクは一定のルールに従い，別の実行可能状態のタスクと交代します．また，入出力が必要な場合は，待ち状態になります．いったん待ち状態になったタスクは，その原因となった入出力などが完了すると実行可能状態になります．タスクはすべての処理が完了したり，中断されると終了し，メモリから消去されます．

〔2〕タスクのスケジューリング

タスクの実行状態を交代するルールを**スケジューリング**と呼びます．最も基本的なスケジューリングの方式は，**ラウンドロビン**（Round-robin）**スケジューリング**と呼ばれ，単純に一つずつのタスクを交代させていくものです（図**6･8**）．

この方式は，すべてのタスクを公平に実行することができますが，緊急性が高いタスクと通常のタスクを区別することはできません．そこで，緊急性の高いタスクを通常のタスクと区別するために数値などで表される優先度を付け，優先度の高いものから実行するようなスケジューリング方式が考えられました（図**6･9**）．この方式には優先度が固定のものと，実行時間に応じて変動していくものがあります．

固定優先度スケジューリングは，優先度に応じて割り当てられる実行時間が変わります．一方，**変動優先度スケジューリング**では，実行時間が長くなればなるほど，優先度が減少していきます．いずれの方式も，優先度が高いタスクほど実行されやすくしつつ，優先度が低いタスクの実行も保障されます．

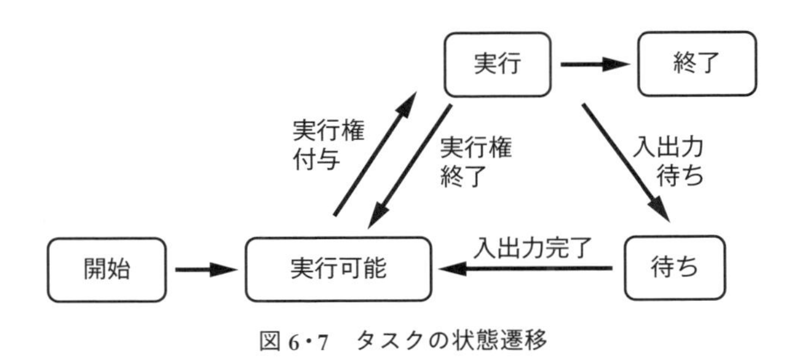

図 6・7　タスクの状態遷移

時間経過　順番に交代しながら実行

タスクA	実	可	可	実	可	可	実	可	可	…
タスクB	可	実	可	可	実	可	可	実	可	…
タスクC	可	可	実	可	可	実	可	可	実	…

実　実行状態
可　実行可能状態

図 6・8　ラウンドロビン方式

時間経過　優先度に応じて実行

タスクA	実	可	可	可	可	実	可	可	可	…
タスクB	可	実	可	可	可	可	実	可	可	…
優先タスク	可	可	実	実	実	可	可	実	実	…

実　実行状態
可　実行可能状態

図 6・9　優先度付き方式

データ管理

〔1〕ファイル編成

現在のOSでは，データを**ファイル**（File）の単位で保存するのが一般的ですが，以前は図6･10のように，ファイルより小さいデータの単位として**レコード**（Record）がありました．

レコードとは，例えば名簿の1人分の情報のように，一つのまとまったデータの単位です．本来，ファイルとは複数のレコードを集めたもので，レコードのサイズが決まっている**固定長レコード**，個々のレコードサイズをそれぞれ指定できる**可変長レコード**，レコード自体にはサイズの情報をもたずに，アクセスするプログラム側でサイズを決めて扱う**不定長レコード**があります．

また，ファイルの中にレコードを配置することを，**ファイル編成**と呼びます．ファイル編成には，レコードが順番に並んでいて，すべてのレコードをまとめてアクセスする必要がある**順編成ファイル**（Sequential File），個々のレコードを直接アクセスできる**直接編成ファイル**（Direct File）などがあります．

現在使われている一般的なOSでは，レコードサイズ1バイトの固定長レコードの順編成ファイル，つまり文字の並び（バイトストリーム）が使用されることがほとんどで，アクセスするプログラムにおいて，複数の文字（レコード）を組み合わせて一つ分のデータとして扱います．そのため，レコードやファイル編成について意識することはほとんどなくなりましたが，大型コンピュータなどでは，現在もレコード単位でのデータアクセスを行うものがあります．

データ管理では，データ，特にファイルを扱う方法を提供する役割を果たします．

〔2〕ファイルシステム

ファイルを管理するための仕組みを**ファイルシステム**と呼びます．ファイルシステムには，ファイルの生成や削除に関する管理，ファイル名の管理，記憶装置への記録方法の管理などの役割があります（表6･3）．

現在使われている多くのOSでは，ファイル名に**階層ディレクトリ構造**が採用されており，階層的な名前が付けられるようになっています．

ファイルは名前で区別するため，一つひとつのファイルを区別・特定するためには，すべてのファイルに異なる名前を付ける必要があります．しかし，ファイルの数が増えてくると，すべてに別名を付けるのが困難になります．そこで，階

例題❻-① マルチタスク

優先度が 80 のタスク A と優先度が 30 のタスク B が同時に開始されたとき，タスク B が実際に実行されるのは，開始からどれだけ経過してからか答えなさい．ただし，実行中のタスクの優先度の数値は一定の時間（これを 1 単位時間とします）経過ごとに半分になり，優先度の高いタスクに実行権を移すものとします．

解答

開始直後は，優先度が大きいタスク A が実行されます．1 単位時間の実行で，優先度が半分になることから，タスク B が実行されるまでの経過時間を t 単位時間とすると，$80\times(1/2)^t < 30$ となる最小の t を求めれば答が得られます．

よって，$t=2$ □

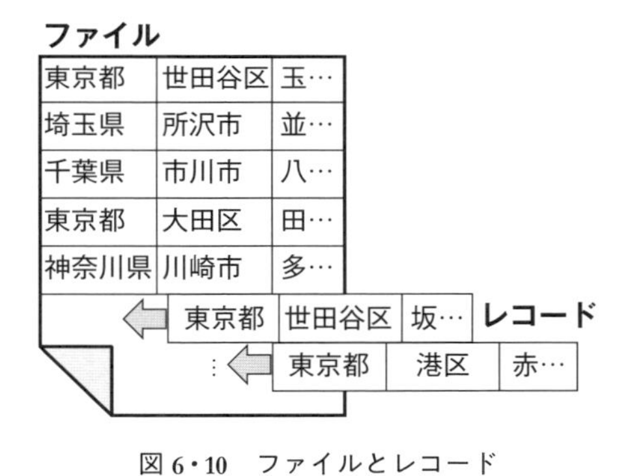

図 6・10 ファイルとレコード

表 6・3 主なファイルシステム

OS の種類	主なファイルシステム
Windows	FAT，NTFS
MacOS	HFS，APFS
Linux	EXT，XFS

層的に名前を付けることで，名前の重複を起こりにくくしました．

階層ディレクトリ構造では，ファイルは**ディレクトリ**（Directory）と呼ばれるグループで分類されます．ディレクトリは別のディレクトリで分類できるので，ディレクトリ同士が階層関係を構築します．なお，最近のOSでは，ディレクトリの代わりに**フォルダ**（Folder）という名前を用いています．

図6･11のように，階層ディレクトリ構造の一番頂点にくるディレクトリは，**ルート**（Root）と呼ばれ，それ以外のディレクトリは，ルートよりも下につくられます．あるファイル（ディレクトリ）のすぐ上のディレクトリを**親ディレクトリ**，すぐ下のディレクトリを**子（サブ）ディレクトリ**と呼びます．

また，階層ディレクトリ構造のルートからそのファイルまでのディレクトリ名を列挙したものを**フルパス表記**と呼び，ファイルシステムはこれにより一つひとつのファイルを区別しています．そのため，同じディレクトリ内には同じファイル名をもつファイルをつくることはできないのです．なお，Windowsでは記憶装置（ドライブ）ごとにルートディレクトリが存在しますが，UNIXやLinuxでは複数の記憶装置を束ねて扱うため，全体で一つのルートディレクトリをもちます．

〔3〕補助記憶装置におけるファイルの扱い

補助記憶装置は**ブロック**という最小単位でデータを保存しますが，そのサイズは固定長です．一方，ファイルサイズは通常可変長ですので，ブロックサイズと一致することは期待できません．

ファイルサイズがブロックサイズよりも小さい場合は，たとえファイルサイズが1バイトでも，そのファイルを保存するために一つのブロックを占有します．

一方，ファイルサイズがブロックサイズよりも大きい場合は，図6･12のようにファイルを分割して複数のブロックに保存します．そのため，ファイルの保存されているデータにアクセスするためには，どのブロックにどの順番にファイルが保存されているかが管理されている必要があります．

この情報は，一般に**スーパブロック**と呼ばれる補助記憶装置の領域に保存されており，OSはこの情報を用いてファイルにアクセスします．そのため，スーパブロックの情報が壊れてしまうと，実際のデータが破損していなくても，そのファイルにアクセスすることができなくなります．

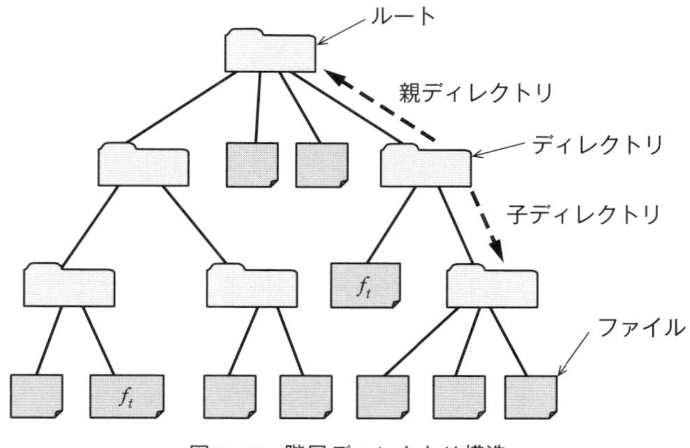

図 6・11　階層ディレクトリ構造

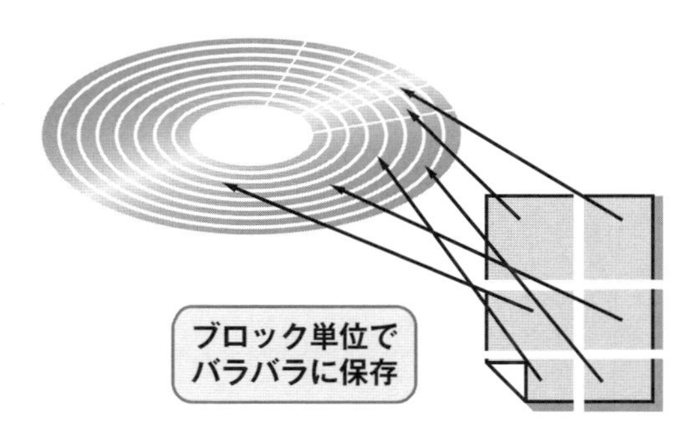

図 6・12　ディスク媒体へのファイル保存

例題❻－②　記憶装置のブロック

ブロックサイズが 512 Byte のハードディスクに，5 200 Byte のファイルを保存するには何ブロックが必要か答えなさい．

解　答

1 ブロック当たり 512 Byte より，必要なブロック数は

$$5\,200\ \text{Byte} \div 512\ \text{Byte} = 10.15625$$

ここで，ファイルサイズが 1 Byte でも，一つ分のブロックを占有することから，小数点以下を切り上げて，11 ブロックが必要になります．□

記憶管理

4章で述べたとおり，記憶装置には図**6・13**のような階層があります．その最上位にあるレジスタからキャッシュメモリ，主記憶装置，補助記憶装置を有効活用し，CPUの動作を円滑にすることが記憶管理の最も重要な役割です．なお，4章で説明したキャッシュメモリに関しては，ハードウェアレベルで実現されており，OSによる管理は行われていません．

〔1〕主記憶管理

CPUが実行するプログラムやプログラムで処理するデータは，いったん，主記憶装置に配置される必要があります．その際，相互に重複する部分を避ける必要があります．そこで，主記憶領域を固定サイズの**パーティション**（Partition）に分割して，必要なパーティションを占有する方法が考えられました．これを**静的割付け方式**と呼びます．しかし，図**6・14**のように，未使用領域ができ，むだが生じるため，パーティションサイズを可変サイズとする**動的割付け方式**が考えられました．

動的割り付け方式では，主記憶領域が一杯になるまでは，効率的に領域を利用できます．しかし，使用が終了した領域を空き領域に戻して，別の用途に利用していくため，このような割付けを続けていくと，図**6・15**のように，連続する空き領域が**断片化**（**フラグメンテーション**）されていくという欠点があります．

そこで，図**6・16**のように使用中の記憶領域を移動して，連続する空き領域をまとめる処理を行います．これを**リロケーション**（Relocation）もしくはコンパクション（Compaction）と呼びます．ただし，リロケーションをするためには，処理中のプログラムをいったん停止してから移動をするなどのオーバヘッドが生じます．

〔2〕仮想記憶

主記憶装置の容量には限りがあるので，いくら記憶領域を効率的に用いても，そのサイズを超える使い方はできません．そこで，補助記憶装置の一部を主記憶装置として使用できるようにすることでこの問題を回避します．具体的には，主記憶領域のうち，現在処理を行っていないパーティションを補助記憶装置に移動することで，空き領域をつくり出します．これを**スワッピング**（Swapping）と呼び，補助記憶装置上のスワッピングされる領域を**スワップ領域**（スワップファイル）と呼びます．このスワッピングをさらに発展させたのが，4章2節の「仮

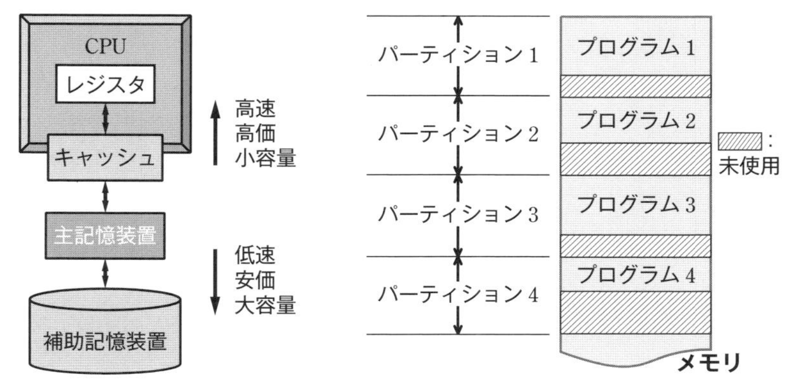

図6・13　記憶装置の階層

図6・14　静的割付け方式

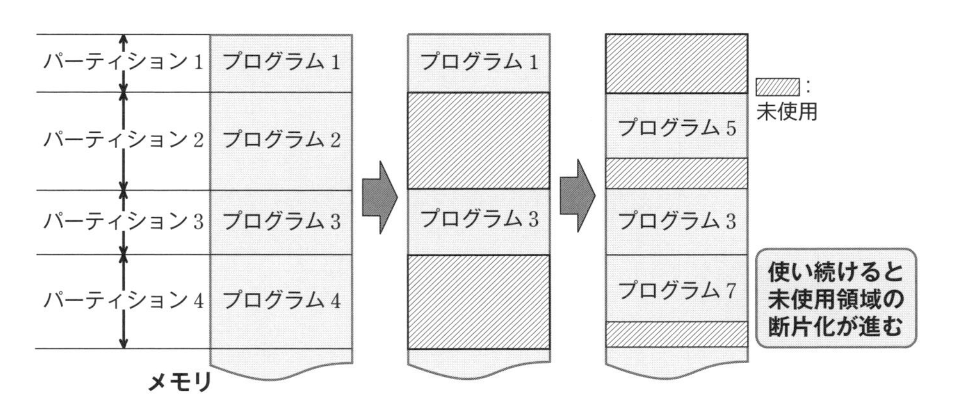

図6・15　動的割付け方式

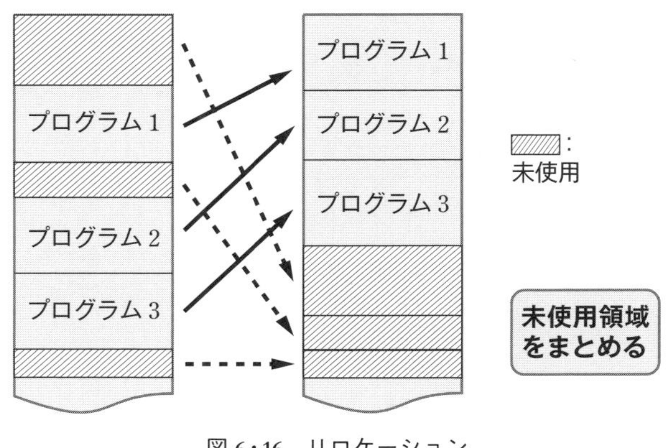

図6・16　リロケーション

想記憶」の項でも説明した**仮想記憶**（Virtual Memory）です．

仮想記憶を実現することで，主記憶装置の容量以上の記憶領域が使えるようになるだけでなく，プログラムやデータを記憶するために記憶領域上に確保するパーティションをさらに細分化して配置することも可能になります．これにより，主記憶装置上にむだな領域が生じることをさらに減らすことができます．この細分化の方法には，**セグメント方式**と**ページング方式**があります．

セグメント方式では，プログラムやデータをある程度意味のある塊に分割して，それぞれを実記憶領域（主記憶装置や補助記憶装置上のスワップファイル）に配置します．そして，必要に応じて，セグメント単位でスワッピングを行います．ただし，各セグメントのサイズはバラバラなので，動的割付け方式と同様に空き領域の断片化（フラグメンテーション）が生じます（図 6･17）．

一方，ページング方式では，ページという固定長サイズの記憶領域で分割するため，仮想記憶領域と実記憶領域の対応が単純なうえ，むだな領域が生じず，補助記憶装置との相性も良いため，スワッピング（この場合**ページング**と呼びます）も効率的に行えます（図 6･18）．ただ，ページは意味のある塊ではないため，実行中のプログラムの一部分しか含まれていません．そのため，次に必要となるプログラムの部分が含まれているページが主記憶装置にない（**ページフォルト**）と，その時点でページングを行い，補助記憶装置から取り出してくるため，処理が非常に遅くなってしまいます．また，主記憶装置が一杯の場合には，現在主記憶上にあるページをページング（**ページアウト**）する必要がありますが，ページアウトしたページが，その後すぐに必要となると，再度のページングが生じてしまいます．このような状態になると，補助記憶装置へのアクセスに大量の時間が消費され，コンピュータの処理速度は大幅に低下します．これを**スラッシング**（Thrashing）と呼びます．

スラッシングを避けるために，できるだけ今後使用する可能性が少ないページをページアウトするいくつかの予測方式が考案されています．**FIFO**（First In First Out）は一番古いページをページアウトする方式です．非常に単純に実現できますが，必ずしも古いページが今後も使われないページとはいえません．そこで，最近使われていないページは，今後も使われにくいだろうという予測を基にした**LRU**（Least Recently Used）が広く用いられています．

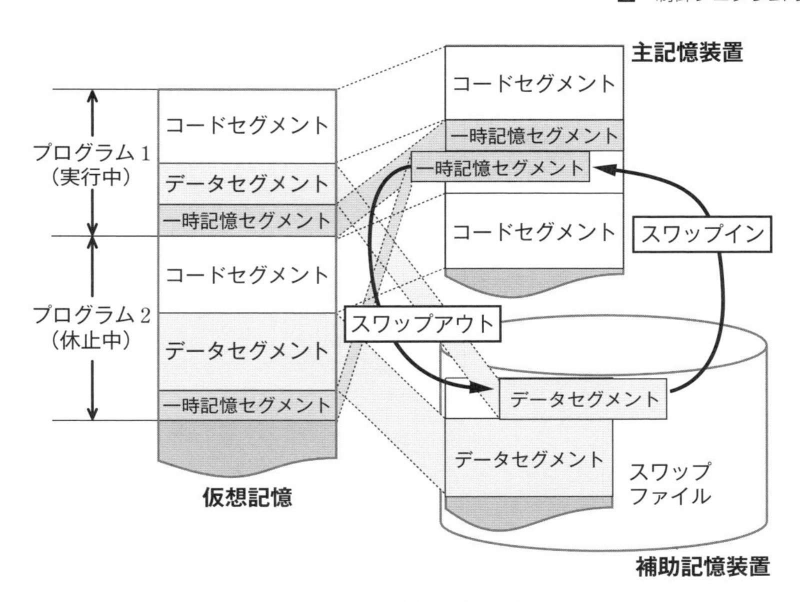

図 6・17　セグメント方式

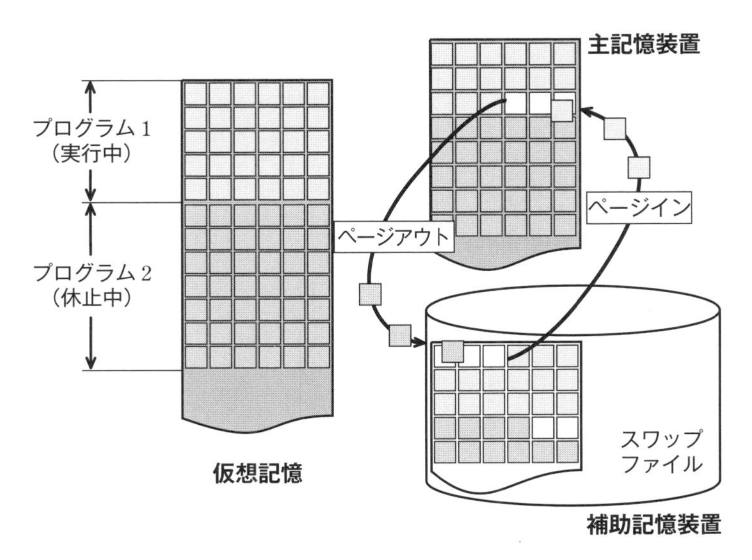

図 6・18　ページング方式

ハードウェアの制御

制御プログラムには多くの役割がありますが，それらのほとんどがハードウェアの動作制御に基づいています．ハードウェアを制御するためには，4章で説明したとおり，入出力インタフェースを通して制御信号を送る必要があります．しかし，ハードウェアのメーカは多数あり，それらすべてのメーカの機器に対応した制御プログラムを用意するのは困難です．そのため，制御プログラムではさまざまな機器に共通する制御だけを行い，メーカ側がそれに合わせて機器をつくるようにしています．しかしそれでは，どのメーカの機器も同じ機能しかもてず，差別化を図ることができません（図**6・19**（a））．そのため，図6・19（b）のように制御プログラムとハードウェアの間に**ドライバ**（Driver）というプログラムを挟むようになっています．

ドライバは，その名前のとおり機器を作動（Drive）するためのプログラムで，制御プログラムがもっている共通的な制御命令を受け付け，実際の制御信号を機器に送るだけでなく，その機器独自の機能を制御プログラムやその他のプログラムから利用できるような仕組みを提供します．

このように，直接ハードウェアを制御するのではなく，ドライバを介して制御すると，別の機器に交換する場合でもドライバを交換するだけで対応ができるという利点もあります．ドライバを使うことで，制御プログラム（OS）から直接ハードウェアを制御させなくすることを，**ハードウェアの抽象化**と呼びます．

その他の制御プログラムの役割

以上で説明したほかにも，制御プログラムには次のような役割があります．

① 通信管理：コンピュータ間やプログラム間の通信など

② 運用管理：ユーザの登録やデータのバックアップなど

③ 障害管理：トラブル発生時の対応など

④ 入出力管理：プリンタなどの入出力装置の制御など

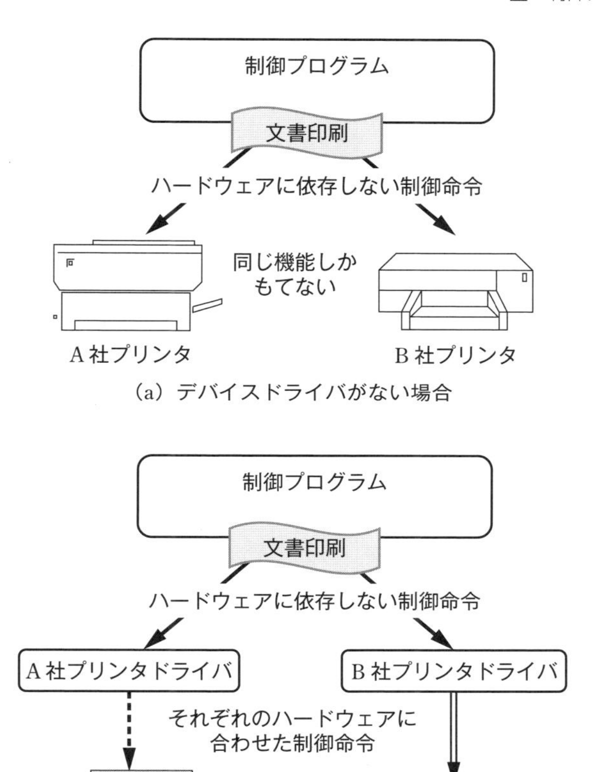

（a）デバイスドライバがない場合

（b）デバイスドライバがある場合

図 6・19　デバイスドライバ

3 アプリケーションとミドルウェア

ここではOS以外のプログラムである，アプリケーションとミドルウェアについて述べます．

アプリケーション

アプリケーションは，OSが提供する機能を前提として，コンピュータを応用的に利用するためのプログラムで，**アプリケーション（応用）ソフトウェア**や**アプリケーション（応用）プログラム**とも呼ばれます．1節の「言語処理プログラムの位置付け」の項でも述べたとおり，かつては，利用者がプログラムを作成しなければコンピュータを応用的に利用することはできませんでしたが，現在は，多種多様なアプリケーションが存在しているため，ほとんどの場合はそれらの中から自分の用途に合ったものを手に入れることで，目的を達成することができるようになっています．

アプリケーションは，表6･4のように**共通応用ソフトウェア**と**個別応用ソフトウェア**に分けることができます．共通応用ソフトウェアは，さまざまな用途で使用できるもので，ワープロや表計算ソフト，CAD（Computer Aided Design）ソフト，インターネットブラウザ，メールソフトなどがあります．一般的に入手可能なアプリケーションは共通応用ソフトウェアです．一方，個別応用ソフトウェアは，特定の用途でのみ使用できるもので，企業の勘定システムや交通機関の運行管理システム，顧客管理システムなどのためのアプリケーションです．通常は市販されているものではなく，その用途のために特注して作成されます．

ミドルウェア

ミドルウェア（Middleware）はその名のとおり，OSとアプリケーションの中間的な役割を果たすものです．ミドルウェアは図6･20のように，いくつものアプリケーションの共通の基盤となるような機能を提供するもので，通常は，それ自体ではアプリケーションとして利用することはできません．

最も代表的なミドルウェアにデータベース管理システム（DBMS：Database Management System）があります．データベースとは，大量のデータを保管，

表 6・4　アプリケーションプログラムの種類

共通応用ソフトウェア	ワードプロセッサ 表計算ソフト CAD ブラウザ メールソフト 画像処理ソフト 動画再生ソフト 音声通信ソフト 翻訳ソフト プログラム開発ソフト　など
個別応用ソフトウェア	座席予約システム 財務管理システム 販売管理システム 交通管制システム 株式売買システム 住民台帳システム 蔵書管理システム　など

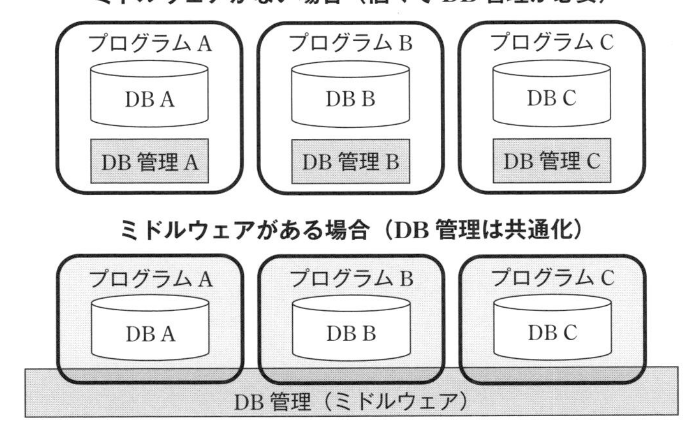

図 6・20　ミドルウェア

検索，更新することができるシステムで，DBMSはその管理をするためのミドルウェアです．例えば，個別応用ソフトウェアの一つである顧客管理システムのソフトウェアをつくる場合，大量の顧客データを保管し，検索，更新をするデータベースが必要になりますが，DBMSを用いれば，データベースに関する機能は，新たに用意する必要がなくなります．また，ブログやWebメールシステムなど，ブラウザ上でさまざまな処理を実現するWebアプリケーションにおいては，Webサービスを提供するWebサーバがミドルウェアとしての役割を果たしています．

4 仮想化ソフトウェア

実際には存在していないものを，あたかも存在しているかのようにする技術を**仮想化**（Virtualization）と呼びます．例えば，前述の仮想記憶は，OS（制御プログラム）による記憶装置の仮想化です．

ここでは，さまざまな場面で一般化してきている仮想化技術について紹介します．

仮想化

仮想化は，ソフトウェアを使って，存在しない記憶装置やCPUが「存在しているかのようにする」技術の総称です．

ただし，実際には存在しないハードウェアなどをソフトウェアで模擬する場合，どうしても処理速度が遅くなってしまうという問題があるため，例えば仮想記憶においては，仮想記憶と実記憶を対応させるための装置であるMMU（メモリ管理装置）をCPU内部に組み込むことで補助しています．また，CPU自体にも仮想化に適した設計が採用されてきており，家庭用のPCでも仮想化技術を活用しやすくなっています．

さまざまな仮想化技術

仮想化にはさまざまなものがあります．古いものとしては，前述したTSS（タイムシェアリングシステム）やマルチタスク技術も仮想化の一種です．ここでは，仮想化技術について，いくつか紹介します．

〔1〕仮想マシン

仮想マシン（**VM**：Virtual Machine，図**6・21**）は，実際には存在しないCPU

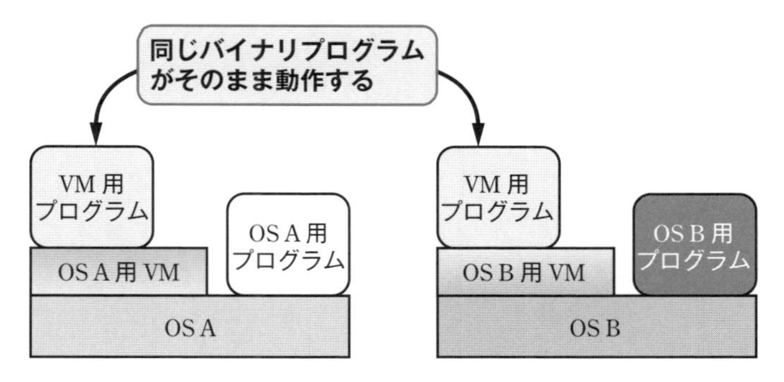

図 6・21　仮想マシン（VM）

コラム　その他の仮想化技術

① デスクトップの仮想化

クラウドコンピューティング（1 章参照）環境などで Windows などのデスクトップを遠隔で利用できるようにしたものと，OS の保存されたディスクイメージを転送して手元のコンピュータで起動するものがあります．

② アプリケーションの仮想化

アプリケーションの画面だけを遠隔で利用できるようにしたものと，アプリケーションのディスクイメージを転送して手元のコンピュータで起動するものがあります．

③ ネットワークの仮想化

物理的なネットワーク構成を変更することなく，異なるネットワークを仮想的に同一にしたり，逆に一つのネットワークを別のネットワークに分離したりすることができます（**VLAN**（Virtual LAN）や **SDN**（Software Definition Network）などがあります）．

をソフトウェアで模擬するもので，プログラミング言語のJavaをコンパイルして動作させるために用いるJava VMが有名です．

本来，プログラミング言語をコンパイルしてできるバイナリプログラムは，CPUに固有で，異なる規格のCPU上では動作しません．しかしJavaは，Java VMをさまざまなCPUやOS上で用意することでバイナリプログラムをさまざまなCPUやOS上で動作できる**マルチプラットフォーム対応**を実現しています．

〔2〕ハードウェアの仮想化

VMをさらに発展させて，OSが動作するCPUやハードウェア自体をソフトウェアで仮想的に実現するのが，**ハードウェアの仮想化**です（図6･22）．

ハードウェアの仮想化には，ハードウェアの動作を完全に再現（**エミュレーション**と呼ぶ）することで，OS自体に手を加えることなく動作を実現できる完全仮想化と，ソフトウェアによるエミュレーションでは効率が悪いハードウェアの機能部分を，OSに手を加えることでカバーする準仮想化があります．

いずれの仮想化でも，1台のコンピュータで仮想的に複数台のコンピュータが動作している状況を実現します．

ハードウェアをソフトウェアでエミュレーションするため，動作効率は仮想化を用いない場合よりも低下しますが，複数の異なる種類のOSを動作させることができるという利点があります．また，仮想化されたハードウェアごと別のコンピュータに移動することも可能です．

〔3〕OSの仮想化

OS自体の機能により，複数のOSが動作しているようにする仮想化を**OSの仮想化**と呼びます（図6･23）．OSの仮想化では，すべて同一のOSであることが求められますが，ハードウェアの仮想化同様に，1台のコンピュータで仮想的に複数台のコンピュータが動作している状況を実現します．

また，ハードウェアをエミュレーションせずに実現できるため，1台のコンピュータ上で複数のOSが動作していても，単一のOSが動作しているのとほぼ同等の動作効率を実現できます．

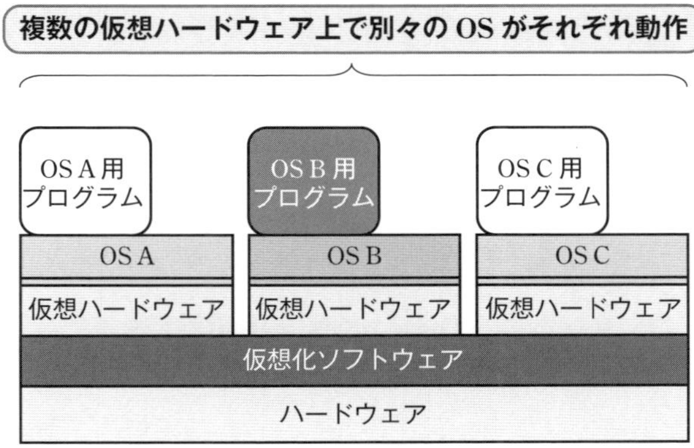

複数の仮想ハードウェア上で別々の OS がそれぞれ動作
OS A 用
プログラム
OS B 用
プログラム
OS C 用
プログラム
OS A
OS B
OS C
仮想ハードウェア
仮想ハードウェア
仮想ハードウェア
仮想化ソフトウェア
ハードウェア

図 6・22　ハードウェアの仮想化

複数の仮想 OS が別々に動作
こちらの OS も
通常どおり使用可能
プログラム
プログラム
プログラム
仮想 OS
仮想 OS
OS（仮想 OS と同じもの）
ハードウェア

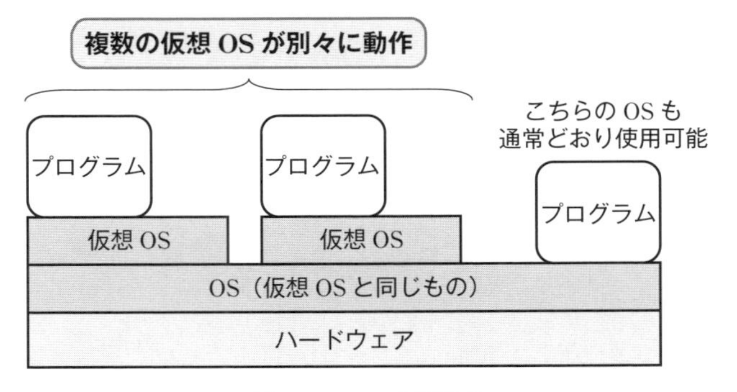

図 6・23　OS の仮想化

練習問題

【1】 OSの分類方法には，同時利用可能な人数が1名のシングルユーザと複数が利用可能なマルチユーザがあります．このうち，マルチユーザOSを，タスク管理方式によって分類すると，マルチタスクとシングルタスクのどちらになりますか．

【2】 MS-DOSのようなかつてのCLI（キー入力で処理を実行する）形式のOSでは，コマンドによってサービスプログラムを実行していました．そこで，ファイルを削除するためのMS-DOSのコマンドを調べて答えなさい．

【3】 OSの3大管理を答えなさい．

【4】 変動優先度スケジューリングのOSで三つのタスク（処理時間；優先度），A（2u；8），B（4u；24），C（5u；80）が同時に開始された場合，最初に終了するのはどのタスクか答えなさい．ただし，実行するタスクは単位時間1uごとに切り換わることとし，優先度は1u実行するごとに半減するものとします．

【5】 ブロックサイズが512バイトの補助記憶装置があり，この装置が35Mバイトの場合，3.2kバイトのファイルをいくつまで保存可能か答えなさい．ただし，補助単位kは2^{10}，Mは2^{20}とし，ファイル以外のデータは補助記憶装置上にないものとします．

【6】 ハードウェアの仮想化では，エミュレーションではなく，シミュレーションというタイプのものもあります．それは，どのようなものか調べて答えなさい．

7章 ネットワーク

➡現代社会に不可欠な存在となっているインターネットは，コンピュータネットワークの一種です．現在のコンピュータは，単体で動作することはほとんどなく，ほかのコンピュータと協調して動作しています．

➡この章では，インターネットなどのコンピュータネットワークについて学習します．

1 コンピュータネットワーク

ここでは，コンピュータ同士や周辺機器と通信回線で相互に接続することで構成されるコンピュータネットワークの歴史や種類について学びます．

コンピュータネットワークの歴史

コンピュータの導入にも維持にも莫大なコストが必要だった頃は，1台のコンピュータに複数の専用端末機器を接続して，交代しながら利用する**時分割システム**（**TSS**）が一般的でした．この専用端末との接続がコンピュータネットワークの起源といわれています．その後，コンピュータ間でのデータ交換の必要性が生じるようになると，コンピュータ同士を接続するネットワークが構築されるようになります．

当時のネットワークは，コンピュータメーカが独自に決めた通信方式を採用しており，別のメーカのコンピュータとの通信ができないことが大きな問題でした．そこで，通信方式を標準化する動きが生まれます．その中から，現在のインターネットで利用されている通信方式の**TCP/IP**が誕生しました．

また，コンピュータネットワークは，コンピュータ同士のデータ交換以外に，別の機能をもったコンピュータとの協調動作やプリンタの共同利用を目的として使われるようになっていきます．このような計算機資源を共有するような利用形態が普及するに従い，コンピュータが単独で使われる**スタンドアローン**（Stand Alone）型の利用はほとんどなくなり，コンピュータネットワークへの接続が前提となっています．

ネットワークの構成

コンピュータネットワークは，大きく**LAN**（Local Area Network）と**WAN**（Wide Area Network）に分けることができます．LANは，限られた範囲で局所的に構築されるネットワークで，通常は，同一の方式で直接接続されたコンピュータ同士で構成されます．一方，WANはLANとLANを相互につなぐような広域的に構築されるネットワークです．例えば，学校や職場の中で構築されているネットワークはLANで，それらを相互に接続しているインターネットがWANに相当します．

また，物理的なケーブルによって相互に接続されて出来上がっているネットワークを**物理ネットワーク**（Physical Network），そのネットワーク上で，実際に通信を行っているコンピュータ同士が構成しているネットワークを**論理ネットワーク**（Logical Network）と呼びます（**図7･1**）．

物理ネットワークを使って論理ネットワークを構築する際，ケーブルをどのように使用するかが大きく影響します．ケーブルの使い方には，**回線交換型**と**パケット交換型**の2種類があります．

回線交換型は，**図7･2**（a）のように，論理ネットワークを構築している間，ケーブルを占有するようになっていて，ほかの論理ネットワークを構築することができません．その代わり，ほかの影響を受けずに通信が行えるので，非常に効率の良い通信が可能です．回線交換型の代表は電話網です．

一方，パケット交換型では，図7･2（b）のようにデータを**パケット**（Packet）という小さい単位に分割して通信を行います．一つのパケットが送られている間はケーブルを占有しますが，パケットは小さく占有時間も短いため，空いている時間に別のパケットを送信することができます．つまり，1本のケーブルで複数の論理ネットワークを構築することが可能です．

ただし，パケット交換型の通信は，通信内容をパケットに分割して，ほかのパケットと譲り合いながら通信を行い，受取先で元に戻すという手順が必要なので，通信の効率は悪く，ある程度の時間遅れが生じます．また，大量のパケットを通信する場合，通信しきれないパケットが発生する場合もあります．

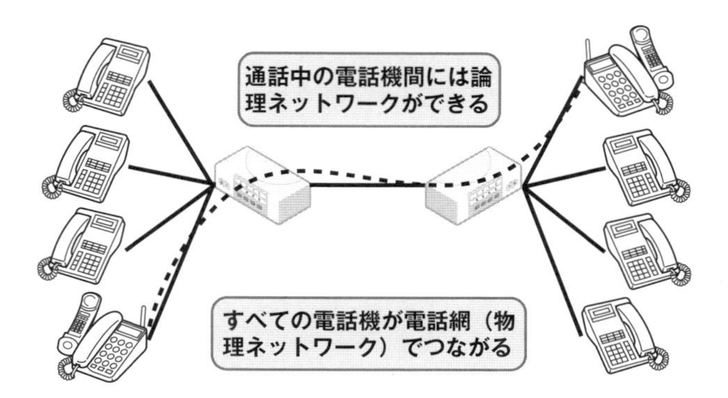

図7･1　物理ネットワーク（実線）と論理ネットワーク（破線）

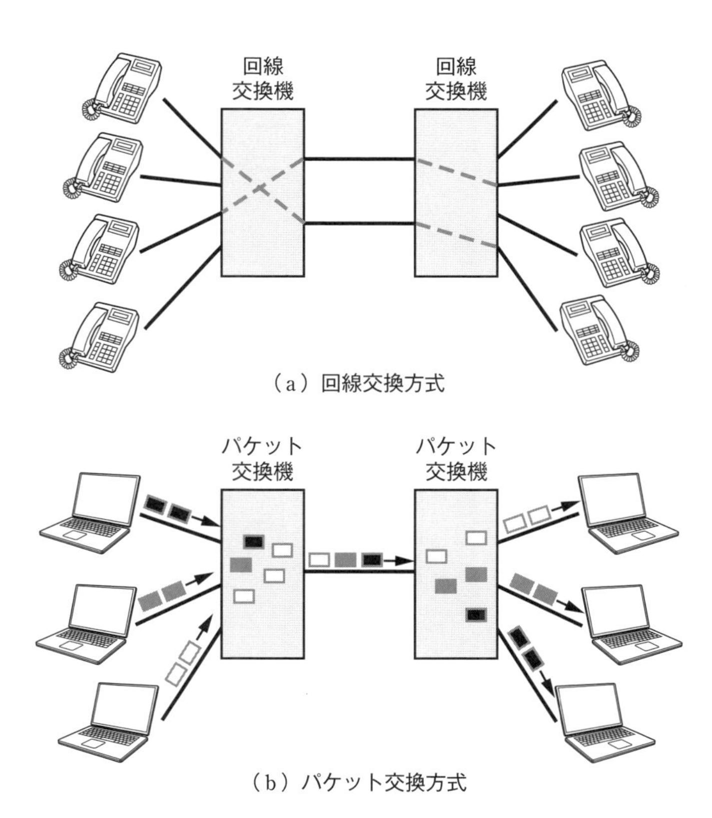

図7･2　交換方式

通信プロトコル

プロトコル（Protocol）とは，規約や条約という意味で，コンピュータ用語では，規格や方式を指します．特に通信に関する規格や方式は**通信プロトコル**と呼ばれています．例えば，通信ケーブルの規格や信号の方式，通信するデータの形式などが通信プロトコルに相当します．

「コンピュータネットワークの歴史」の項で説明したように，コンピュータネットワークが使われ始めた頃は，メーカごとに独自の通信プロトコルがたくさんつくられていて，別のメーカの機器との通信を実現することが簡単ではありませんでした．

そこで，1984年に国際標準化機構（ISO：International Organization for Standardization）において，**OSI参照モデル**という通信プロトコルのモデルが構築されます．これは通信プロトコルを作成するためのルールで，これに従って各社が通信プロトコルを決定することで，相互接続をしやすくすることを目的としています．

OSI参照モデル

OSI参照モデル（Open Systems Interconnection Reference Model）は，通信プロトコルを階層的に決定するモデルです．図7·3の例のように，通信プロトコルを階層化すると，一部の階層のプロトコルを交換するだけで，異なる場面で利用できるようになります．また，異なる方式のプロトコルを採用している場合でも，一部の階層のプロトコルを変換するだけで相互に通信ができるようになります．

OSI参照モデルでは，プロトコルを表7·1のように7階層としています．

階層的に決められたプロトコルを用いて通信を行う場合，プログラムが一番上の階層のプロトコルに合わせて通信データ（パケット）を準備すると，順次下の層のプロトコルに合わせてデータ（パケット）が変換されていき，一番下の階層で物理的な通信になります．受信した側は，逆に一番下の階層から，順次上の層のプロトコルに戻していき，一番上の階層のプロトコルまで戻していくことで，通信が成立します．

具体的には図7·4のように，上の層のパケットに対して，その層のプロトコル用のヘッダ（宛先や通信方式などの情報）が付加されていきます．

言語層：日本語
媒体層：声
経路層：空気

近くにいれば，そのまま話ができる

言語層：日本語
媒体層：電話
経路層：電波

遠く離れていても，電話を使って話ができる

言語層：日本語，スペイン語
媒体層：声
経路層：空気

言語が違っても翻訳できれば，そのまま話ができる

図 7・3　通信プロトコルの階層

表 7・1　通信プロトコルの階層

階　層	役　割
物理層（第 1 層）	ケーブルなどの物理的規格やそこを流れる信号に関する階層
データリンク層（第 2 層）	直接接続している機器間の通信に関する階層
ネットワーク層（第 3 層）	異なるネットワーク間の通信に関する階層
トランスポート層（第 4 層）	通信を行うプログラム同士の通信に関する階層
セッション層（第 5 層）	通信における一連の流れに関する階層
プレゼンテーション層（第 6 層）	通信におけるデータの表現方法に関する階層
アプリケーション層（第 7 層）	実際に実現される通信に関する階層

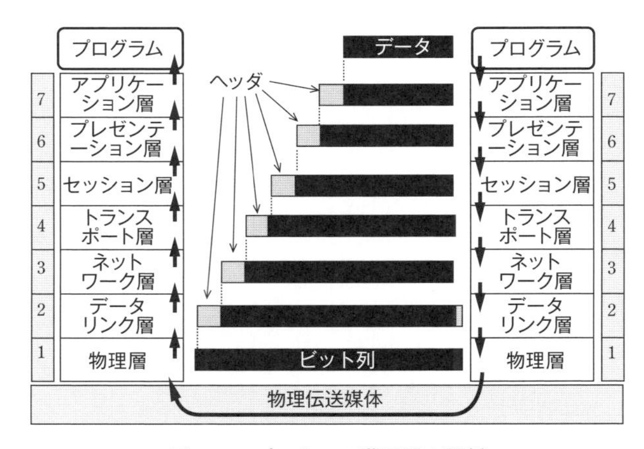

図 7・4　プロトコル階層間の関係

2 インターネットとTCP/IP

現在，最も広く用いられているコンピュータネットワークとして，インターネットを挙げることができます．ここでは，インターネットの原理とその基本プロトコル群であるTCP/IPについて説明します．

インターネット

インターネットの起源は，1969年に始まった米国国防総省の**ARPANET**（Advanced Research Projects Agency Network）にあります．ARPANETはパケット交換型を採用し，通信経路の途中に，パケットのヘッダにある宛先情報を確認して経路を決定する装置を配置することで，途中経路が使えない場合に，別経路へのう回を可能にするという特徴をもっています．これは，米ソ冷戦という当時の時代背景を反映したもので，核攻撃を受けても通信が可能なネットワークを構築するためといわれています．

TCP/IP

ARPANETで採用された通信プロトコルが**TCP/IP**です．TCP/IPは，単一のプロトコルではなく，階層的なプロトコルの集合体で，特に重要な**IP**（Internet Protocol）と**TCP**（Transmission Control Protocol）から，命名されました．TCP/IPプロトコルスイート（スイートは「ひとまとまりの」という意味）とも呼ばれます（表7･2）．

TCP/IPも階層的なプロトコル群ですが，OSI参照モデルとは別につくられたものであり，OSI参照モデルには対応していません．しかし，TCP/IPを採用するメーカが徐々に増えていき，逆にOSI参照モデルに対応したプロトコルはほとんど採用されなくなってしまったため，TCP/IPが**事実上の標準**（De Facto Standard）となりました．

OSI参照モデルとTCP/IPの階層モデルは厳密には一致しませんが，両者の階層は図7･5のように対応付けられることがよくあります．図7･5からもわかるとおり，TCP/IPは通信プロトコルを4階層のモデルで扱います．

表7・2　TCP/IPプロトコルスイート

アプリケーション層	HTTP，FTP，SMTP，POP，IMAP，Telnet，SSH，SSL，DNS，SNMP，BGP，RIPなど
トランスポート層	TCP，UDP，RSVPなど
インターネット層	IP（v4，v6），ICMP，IGMPなど
ネットワークインタフェース層	Ethernet，Wi-Fi，PPP，ARP，NDP，OSPFなど

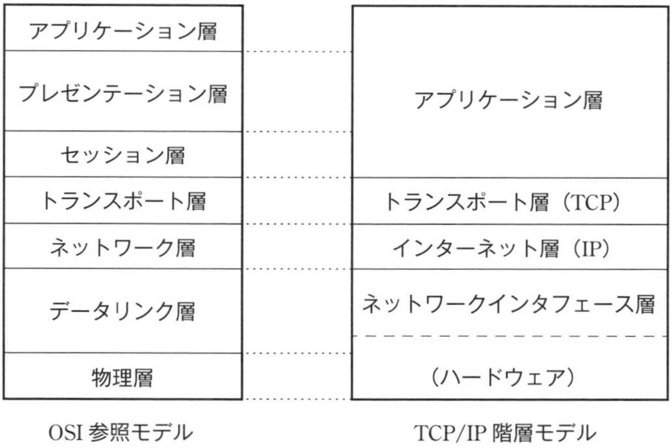

OSI参照モデル	TCP/IP階層モデル
アプリケーション層	アプリケーション層
プレゼンテーション層	
セッション層	
トランスポート層	トランスポート層（TCP）
ネットワーク層	インターネット層（IP）
データリンク層	ネットワークインタフェース層
物理層	（ハードウェア）

ネットワークインタフェース層は，物理ネットワークの通信を制御するための**MAC**（Media Access Control）層と，物理ネットワークを構成するハードウェアの違いを吸収して統一的に扱えるようにするための**LLC**（Logical Link Control）層という，2つの副層に分けることができる．

図7・5　TCP/IP階層とOSI階層モデルの比較

コラム　IoT

家電製品や製造機械，センサ，ICタグなどの「モノ」のためのインターネット通信技術を総称して**IoT**（Internet of Things）と呼びます．

かつて，いつでもどこでもコンピュータやネットワークの恩恵にあずかれる近未来社会を「ユビキタス社会」と呼んでいましたが，それが実現する技術がIoTといえます．

ネットワークインタフェース層

ネットワークインタフェース層は，物理ネットワークのための通信プロトコルで，OSI参照モデルのデータリンク層と物理層に対応付けられますが，物理的なハードウェアの規格は含みません．物理ネットワークでは，接続された機器を識別するために**MAC**（Media Access Control）アドレスを使用し，通信を行っています．MACアドレスは通常48ビットで表現されており，8ビットずつを16進数にして，12:34:56:78:9a:bcのように表記します．このアドレスは機器に固有のもので，製造された時点で設定されることから**物理アドレス**とも呼ばれており，通常は後から変更することができません．

また，物理ネットワークでは，有線ケーブルや無線電波を複数の機器で共有して通信を行う，多元接続を実現するための仕組みが使われています．Ethernetの**CSMA/CD**（Carrier Sense Multiple Access with Collision Detection）や無線LANの**CSMA/CA**（CSMA with Collision Avoidance）などがあります．

以下に代表的なネットワークインタフェース層のプロトコルであるEthernetと無線LANについて説明します．

〔1〕 Ethernet

現在使用されている物理ネットワークの中で，最も広く知られているのが**Ethernet**です．Ethernetは**IEEE 802.3**という規格の通称で，もともとはバス型の低速な通信規格でしたが，現在はスイッチングハブという中継装置により，1対1型の高速な通信を実現しています（図7･6）．

通信速度は100 Mbit/s（bit par second）と1 Gbit/sが主流ですが，10 Gbit/sを超える規格もつくられています．

〔2〕 無線LAN

家庭などでも広く普及してきている物理ネットワークが無線LANです．ノートパソコンなどでは標準で内蔵されている場合が多くなっています．

無線LANは**IEEE 802.11**という規格の通称で，その名のとおり，無線を使ってLANを構築するためのプロトコルです．現在は，そのほかの無線通信の規格と区別できるように**Wi-Fi**（Wireless Fidelity）と呼ばれています．主に使用されているのは，2.4 GHz帯と5 GHz帯で，それぞれの帯域が**チャネル**（Channel）と呼ばれる小帯域に分割されています（図7･7）．

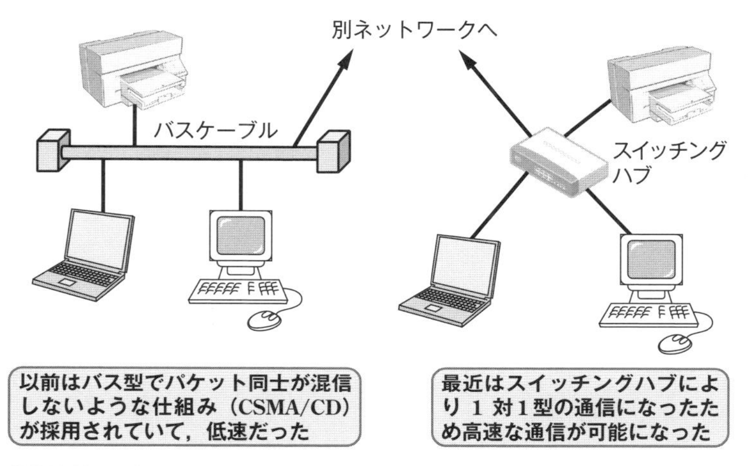

CSMA/CD：Carrier Sense Multiple Access with Collision Detection

図 7・6　Ethernet ネットワーク例

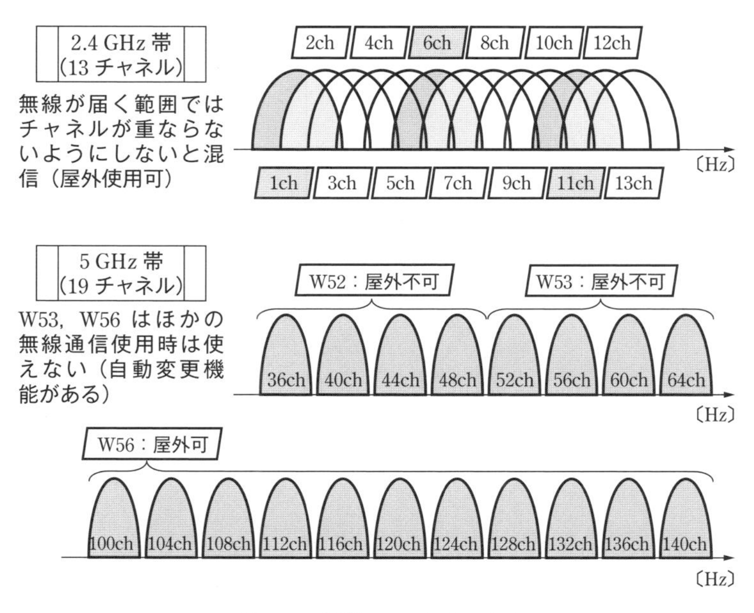

図 7・7　無線 LAN のチャネル

通信速度は，もともと 11 Mbit/s と低速でしたが，徐々に高速化されています．また，携帯電話の 4G（LTE）や 5G（第 5 世代移動体通信システム）でも採用されている，複数のアンテナと束ねて使う **MIMO**（Multi Input Multi Output）という技術を使用することで，非常に高速な通信ができるようになっています．

そのほか，センサなどの IoT 機器での使用を想定した低消費電力広域無線通信技術の **LPWA**（IEEE802.11ah，LoRaWAN など）や，スマートフォンやオーディオ機器などを接続する際に広く用いられている **Bluetooth**（IEEE802.15）など，多くの無線通信のプロトコルが使用されています．

インターネット層

インターネット層では，その名のとおりネットワーク間（Inter-network）の通信に必要なプロトコルが定義されており，OSI 参照モデルのネットワーク層に対応付けることができます．その中で最も重要なプロトコルが **IP**（Internet Protocol）です．

IP は，ネットワークインタフェース層のプロトコルで規定されるネットワーク同士を接続するためのもので，このプロトコルを採用したネットワークをインターネットと呼びます．IP では，接続された通信機器を識別するために IP アドレスが用いられています．

IP アドレスは図 7･8 のように，**IANA**（Internet Assigned Numbers Authority）という国際組織が統括しており，世界五つの**地域インターネットレジストリ**（**RIR**：Regional Internet Registry）に配分します．そして，さらに RIR から各国のインターネットレジストリ（NIR：National Internet Registry）などに配分していきます．

インターネットでは，図 7･9 のように物理ネットワーク同士の境目に**ルータ**（Router）と呼ばれる中継装置が存在し，IP パケットのヘッダに指定されている宛先の IP アドレスから，どのネットワークにパケットを届ければよいかを判断して，次の中継点になるルータにパケットを送信していきます．この際，障害のある経路はう回します．このようにルータがバケツリレー式に，パケットを目的のネットワークまで届ける仕組みが IP の基本原理です．

IP にはいくつかのバージョンがありますが，主に使われているのが **IPv4**（IP

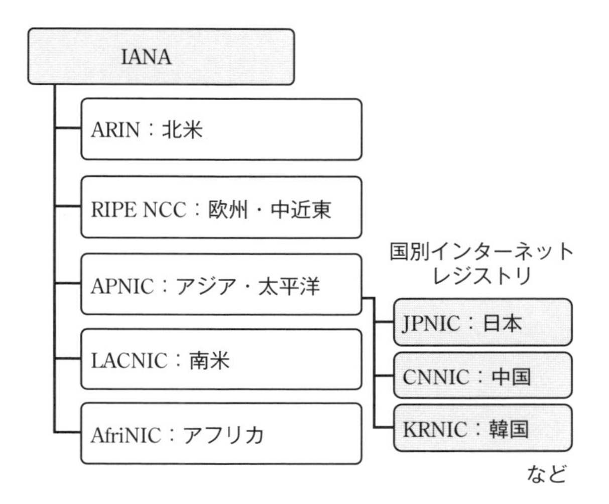

図 7・8　地域インターネットレジストリ（RIR）

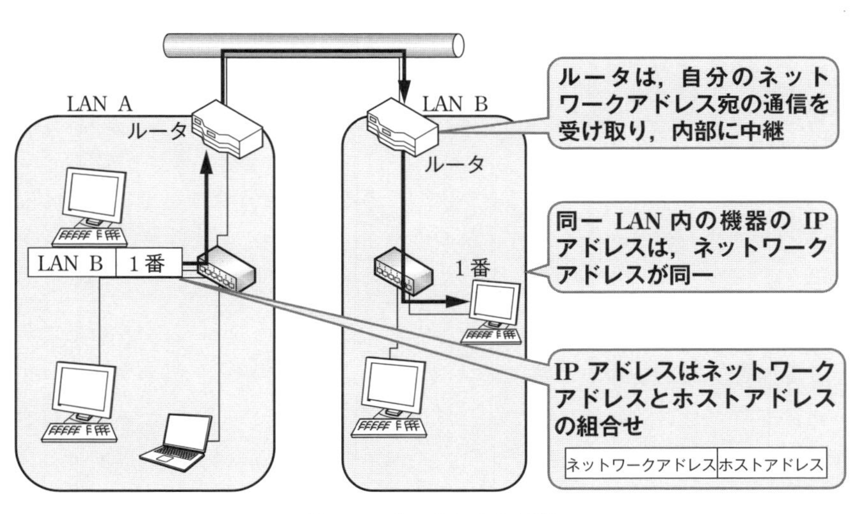

図 7・9　ルータによる接続

version 4）です．IPv4のIPアドレスは32ビットのバイナリ情報で，図**7・10**（a）のように，8ビットずつ四つに分けて，一つひとつを0～255の10進数で表記するのが一般的です．この場合，約42億通り（2^{32}通り）のIPアドレスが表現可能となります．しかし，情報化が進み，インターネットに接続される機器が増えた結果，2011年にIANAの在庫IPアドレスがなくなりました．これを**IPアドレスの枯渇**と呼んでいます．

IPv4には**プライベートアドレス**というLAN内だけで通用する内線番号のような特別なIPアドレスがあり，それを活用することでIPアドレスの枯渇に対応することも技術的には可能ですが，元々，パケット内の情報が暗号化されていないなどのセキュリティ上の欠点もあったことから，IPv4に代わる次世代のIPのプロトコルとして**IPv6**（IP version 6）が実用化されています．

IPv6では，IPアドレスが128ビットあり，図7・10（b）のように，8ビットずつに分けて16進数で表記するのが一般的です．この場合，約42億の4乗（約340澗（かん）$= 2^{128}$）という天文学的な組合せが可能ですので，IPv6のアドレスが枯渇する心配はほとんどありません．ただし，IPv4との互換性はないので，インターネットでは2種類のプロトコルが併用されていくことになります．

トランスポート層

トランスポート層では，実際にデータのやり取りを行うプログラム間での通信プロトコルが定義されており，OSI参照モデルでも同じ名称のトランスポート層に対応付けることができます．インターネット層のプロトコルでは，IPアドレスによって通信対象の機器を特定することができますが，通信でやり取りされるデータを実際に処理するのはプログラムです．トランスポート層のプロトコルでは，どのプログラムが通信対象となるのかを識別するため，図**7・11**のように**ポート番号**（16ビット）を利用することでプログラムを特定します．以下に，代表的なトランスポート層のプロトコルであるTCPとUDPについて説明します．

〔1〕TCP

TCP/IPにおいて，IPとともに重要なプロトコルが**TCP**（Transmission Control Protocol）です．TCPでは，通信する装置間で確実にデータがやり取りできるように，接続の確認を行いながら通信をします．そのため，万一，途中でパケットが損失してしまうようなことがあっても，同じパケットを再送するなど

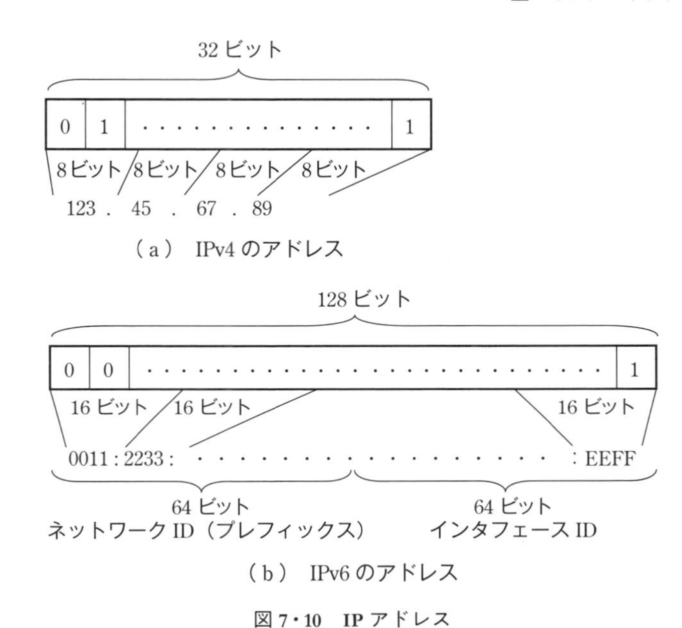

図7・10 IPアドレス

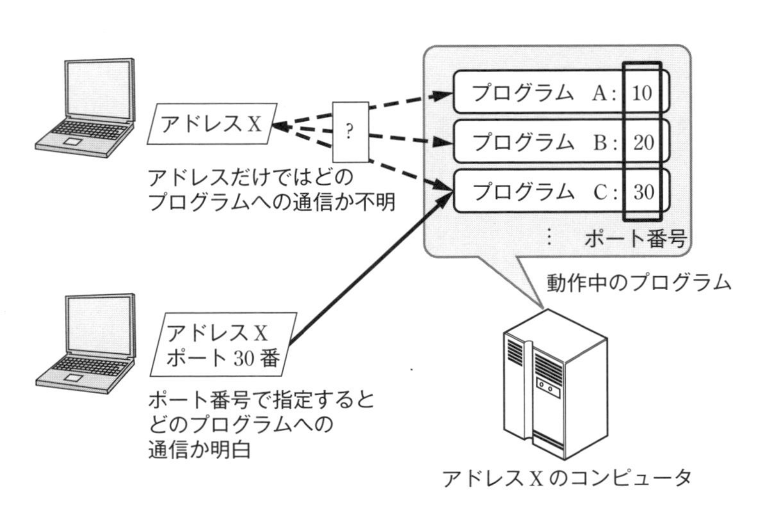

図7・11 ポート番号によるプログラムの特定

の処理を行います．このような通信を**コネクション型**と呼びます（図 7･12（a））．

電子メールなどインターネットにおける通信の多くが採用しています．

〔2〕UDP

UDP（User Diagram Protocol）は通信相手がデータを受信しているかどうかに関係なく送信を行います．そのため途中でパケットが損失しても，再送処理は行いません．このような通信を**コネクションレス型**と呼びます（図 7･12（b））．

UDP はテレビやラジオの放送と似ていることから，**ストリーミング**と呼ばれる動画や音声の配信に使用されています．

アプリケーション層

アプリケーション層では，通信を行うプログラム間でやり取りされるデータ形式に関する通信プロトコルが定義されており，OSI 参照モデルのセッション層からアプリケーション層までのすべてを含んだものに対応付けることができます．トランスポート層で特定のプログラム間での通信が実現されると，アプリケーション層のプロトコルでどのようなデータを用いて通信を行うのかを規定します．

代表的なアプリケーション層のプロトコルには，WWW 用の HTTP や電子メール用の SMTP などがあります．これらについては，次節で説明します．

3 インターネットサービス

現在，インターネットは電子メールや Web ページなど，さまざまな用途で利用されており，これらを**インターネットサービス**と呼びます．インターネットサービスの多くはアプリケーション層の通信プロトコルに対応しています．

ここでは，さまざまなインターネットサービスについて説明します．

サーバと URL

インターネットサービスを提供するプログラムは**サーバ**（Server）と呼ばれ，逆に利用するプログラムは**クライアント**（Client）と呼ばれます．インターネットサービスでは，クライアントがスムーズにサーバから情報提供を受けられるように，**URL**（Uniform Resource Locator）と呼ばれるアドレス表記方法を使います．

URL は図 7･13 のような構成になっており，**スキーム**（Scheme）の部分でサー

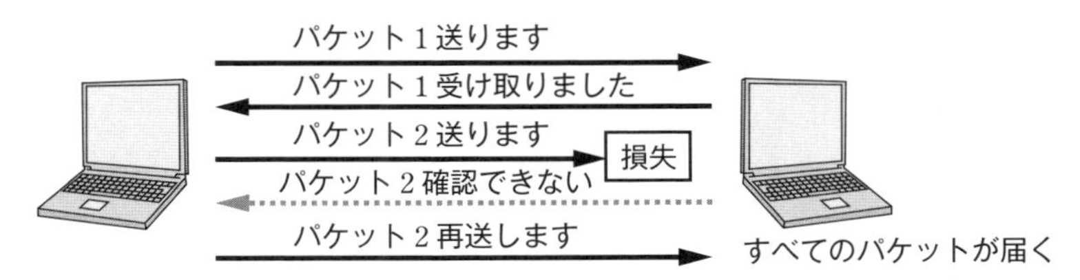

（a）TCPでの通信（確認しながら確実に通信）

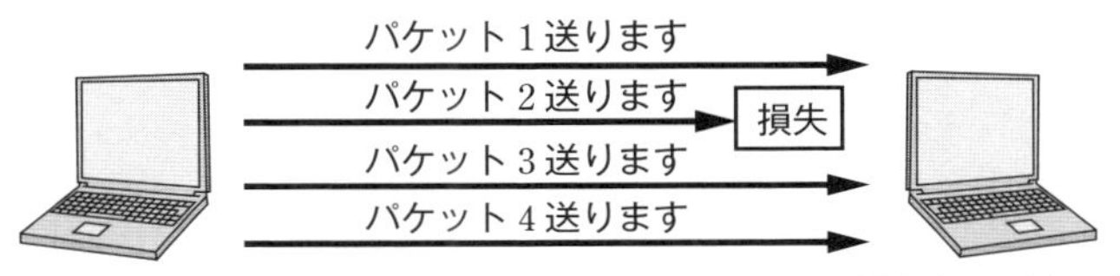

（b）UDPでの通信（一方的に通信）

図7・12　TCPとUDP

URLの表記形式　　スキーム：アドレス

例）`http://www.ohmsha.co.jp/ohmgrp/greeting.htm`

スキーム（サービスの種類）	アドレス（スキームに対応する情報の所在）
http（Webサービス）	//IPアドレスまたはドメイン名/ファイルパス名
mailto（電子メール）	ユーザ名@ドメイン名
ftp（ファイル転送）	//IPアドレスまたはドメイン名/ファイルパス名
file（ファイルシステム）	//ファイルパス名

図7・13　URL（URI）の表記法

ビス（通信プロトコル）の種類，アドレスの部分でスキームに対応する情報の所在を表します．またURLをさらに一般化した**URI**（Uniform Resource Identifier）では，インターネット以外の情報の所在も表現できます．

一般的なアプリケーション層の通信プロトコルでは，使用するトランスポート層のプロトコルとポート番号が決まっています．このポート番号を**サービスポート**と呼びます．例えば，WWWサービスの場合，サーバはTCPの80番ポートで通信を受け付けるように決まっています．

WWW

WWW（World Wide Web）は「ホームページ」「Web」などとも呼ばれ，インターネットを現在のような存在にまで成長させた立役者ともいえるサービスであるため，「インターネット＝WWW」と認識している人も多くいます．

WWWを実現しているアプリケーション層のプロトコルは**HTTP**（Hyper-Text Transfer Protocol）といい，前述したとおり，TCPでの利用を前提とし，サービスポートは80番です．このプロトコルは，**HTML**（Hyper-Text Markup Language）という書式の文字データファイルやJPEG（Joint Photographic Experts Group）形式などの画像データファイルをやり取りするためのものです．HTMLには**ハイパーリンク**（Hyperlink）と呼ばれる，URLで指定されたほかのファイルとのつながりを設定する機能があります．

電子メール

電子メールは，インターネットが現在のように普及する以前から，利用されてきたサービスです．電子メールのプロトコルには，メールを送信するためのSMTPと受信するためのPOP，IMAPが用意されています．

〔1〕SMTP

SMTP（Simple Mail Transfer Protocol）は，電子メールを送信するためのプロトコルです．TCPでの利用を前提としており，ポート番号は25番です．SMTPのサーバは，**図7・14**のように宛先に指定されているコンピュータに対して電子メールを中継します．

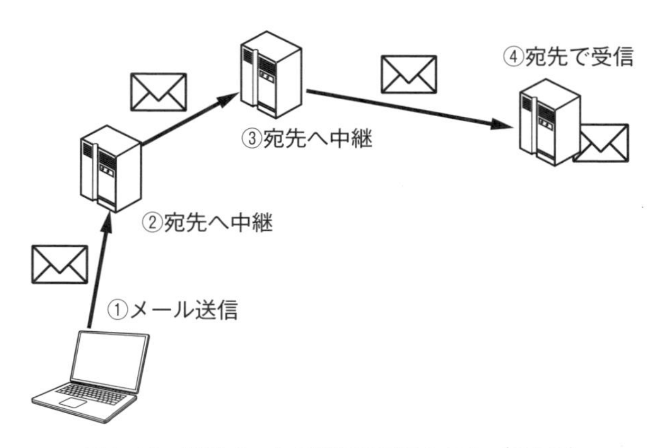

図 7・14　電子メールの送信用プロトコル（STMP）

コラム　SMTP と MIME

SMTP の Simple には「文字データのみ」という意味があります．しかし，実際には，画像やワープロソフトなどのさまざまなバイナリデータが添付という形で電子メールとともにやり取りされています．それを可能にしているのが **MIME**（Multipurpose Internet Mail Exchange）という規格です．

MIME では，バイナリデータを 7 ビットの ASCII コードの文字データに変換（符号化）するための仕組みが提供されています．これにより，文字データだけしか扱えない電子メールでバイナリデータが扱えるようになりました．

この MIME は WWW のデータ送信においても採用されており，OSI 参照モデルのプレゼンテーション層のプロトコルに相当する規格といえます．

〔2〕POP

POP（Post Office Protocol）は，サーバに保管されている電子メールを受信するためのプロトコルで，TCP の 110 番ポートが一般的に使われています．POP サーバは，**図 7･15** 左側のように保管されていた電子メールを受取要求してきたコンピュータに送信すると，該当する電子メールを削除します．受取り後はインターネット接続を切断しても電子メールを読むことができます．

〔3〕IMAP

IMAP（Internet Message Access Protocol）も，POP と同様に保管されている電子メールを受信するためのプロトコルで，TCP の 143 番ポートが一般的に使われています．IMAP は POP と異なり，図 7･15 右側のようにサーバに電子メールを保管したまま，閲覧要求のあったメールだけを送信します．この方式だと，閲覧要求をするコンピュータを変更しても，電子メールを閲覧することができますが，インターネットに接続していないと閲覧できません．

DNS

DNS（Domain Name System）は，URL 表記にもよく使われる**ドメイン名**（Domain Name）から IP アドレスを調べる（**名前解決**）サービスです．ドメイン名は IP アドレスと異なり，例えば `www.ohmsha.co.jp` のように人間が見てもわかりやすい文字で表記されています．この表記の `jp` や `co`，`ohmsha` を**ドメイン**（Domain）と呼び，そのコンピュータ（通信機器）の属する国や地域，組織の種類などを階層的に表しています．また，www の部分を**ホスト名**（Host Name），`ohmsha.co.jp` の部分を**ドメイン名**，両者をつなげたものを**完全修飾ドメイン名**（**FQDN**：Fully Qualified Domain Name）と呼びます．

DNS は通信プロトコルの名称にもなっており，主に UDP を用いますが，TCP でも利用されます．ポート番号はともに 53 番です．

DNS のサーバは**ネームサーバ**（NS：Name Server）とも呼ばれ，自分が受け持つドメインに所属するコンピュータの IP アドレスとドメイン名の対応情報をもっており，ほかのコンピュータからの名前解決要求に対応します．万一，自分がもっている以外のドメイン名の問合せがあった場合は，**図 7･16** のように，階層的にドメインを受け持つネームサーバ（ルートネームサーバが頂点）に代理で問合せを行います．

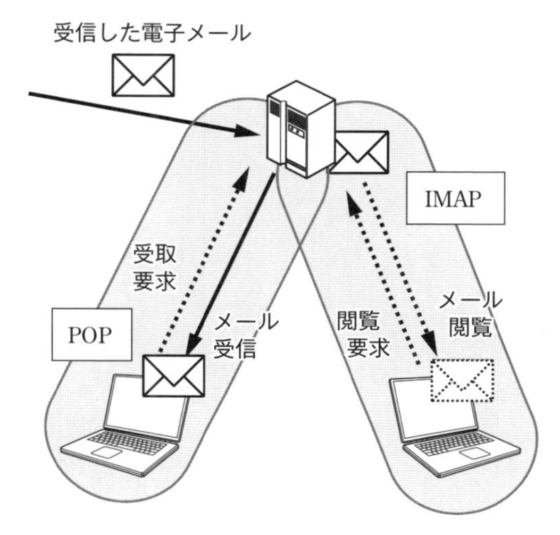

図 7・15　電子メールの受信用プロトコル（**POP** と **IMAP**）

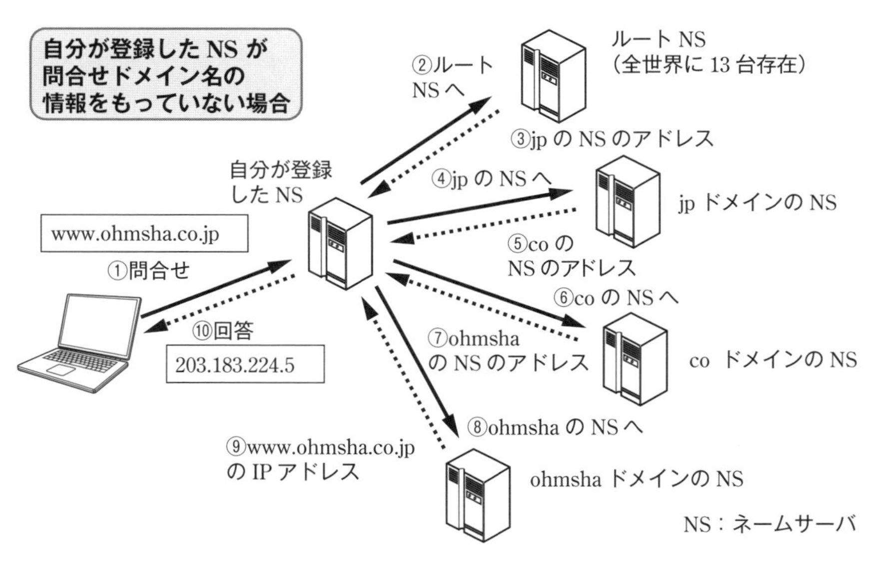

図 7・16　**DNS** による名前解決

4 コンピュータシステムの構成と信頼性

現在，多くのコンピュータシステムは単一ではなく，複数のコンピュータをネットワーク接続することによって構成されています．ここでは，コンピュータシステムを構成するネットワークの種類やシステムの信頼性について説明します．

ネットワークの種類

コンピュータシステムを構成するネットワークには，主に，ホスト型，クライアントサーバ型，P2P型があります．

〔1〕ホスト型

ホスト型は，図7･17のように，1台の強力なホストコンピュータを中心に，入出力装置しかもたないような端末を多数接続して利用するようなネットワークの構成で，コンビニエンスストアなどで使われている販売管理（POS：Point Of Sale）システムや鉄道の座席予約システムなどで採用されています．

情報が一元管理できる利点がありますが，ホストの性能以上に処理が集中すると，処理が遅延したり，ホストがダウンしてしまう危険性もあります．

〔2〕クライアントサーバ型

クライアントサーバ（**C/S**：Client Server）型は，図7･18のように，中規模のサーバコンピュータが複数台存在していて，パソコン程度の処理能力をもつクライアントコンピュータが，サーバを選びながら利用するようなネットワーク構成で，WWWなどの一般的なインターネットサービスで採用されています．

複数のサーバがあることで，クライアントからの接続が分散されるため，処理の集中を避けやすくなります．そのため，安価な中規模程度のサーバでもコンピュータシステムを運用することができます．また，万一，1台のサーバが停止してしまっても，ほかのサーバが存在しているため，システム全体が停止する危険性が低下します．ただし，特定のサーバしか提供していないような情報があると，そこにアクセスが集中してしまい，ホスト型と同様の問題が生じます．

〔3〕P2P型

P2P（Peer to Peer）型は，図7･19のように，コンピュータ同士が相互に接続してバケツリレー式に通信を行うネットワークで，ファイル共有やテレビ電話な

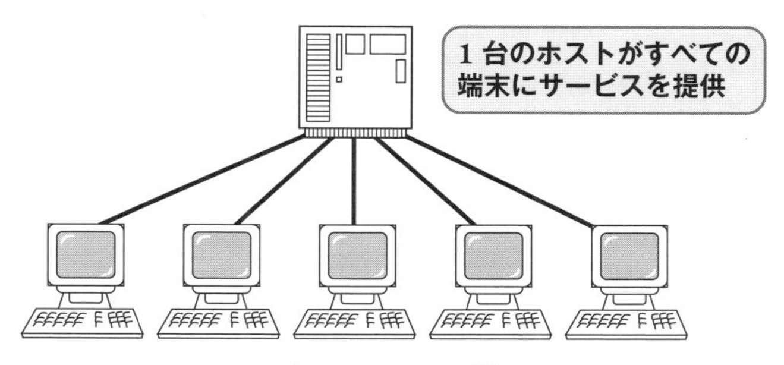

図 7・17　ホスト型

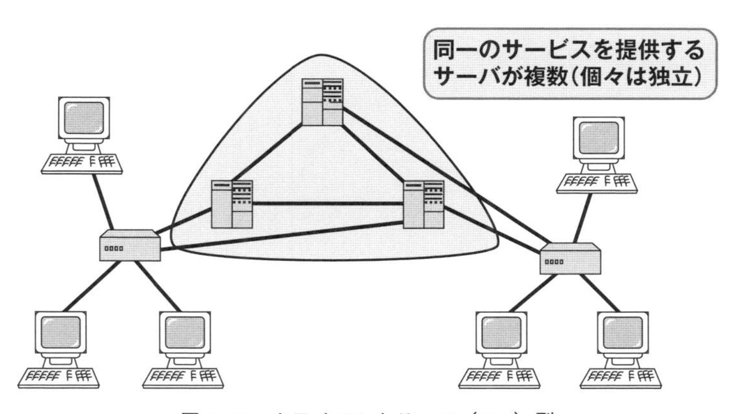

図 7・18　クライアントサーバ（C/S）型

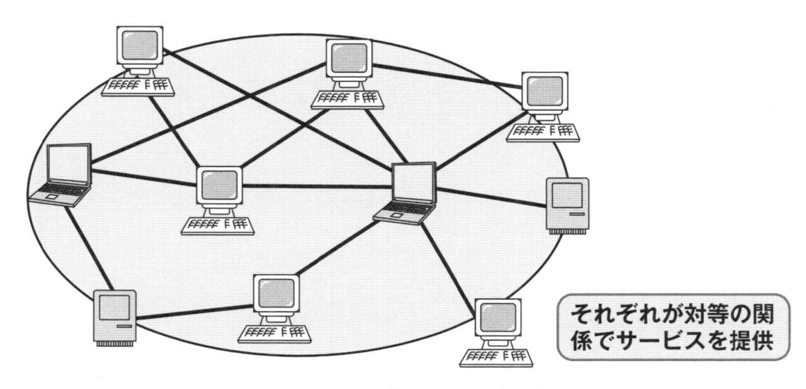

図 7・19　P2P（Peer to Peer）型

どで採用されています．本来，Peerとは通信を行う機器を指す言葉で，P2Pとは，1対1の対等なネットワーク通信という意味です．

P2P型の場合は，特定のピアに要求が集中しないように，あるピアが情報を取得すると，それ以後はその情報を提供するピアになります．このように，情報を分散させていくことで，一部のピアにアクセスが集中することを防ぎます．ただし，どのピアが情報をもっているかを調べる手間がかかることやオリジナルの情報を削除しても取得された情報が残り続けること，著作権で保護された音楽データなどを無断配布するような悪用が多いなどの問題があります．

システムの信頼性

コンピュータシステムが集中型（ホスト型）からC/S型，P2P型へと変化していった背景には，システムに関わるコンピュータの数を増やすことで，システムの信頼性を落とさずに，コンピュータのコストを抑えるという目的がありました．一般に，コストを下げると信頼性も一緒に下がってしまいます．しかし，信頼性の低いものでも，複数組み合わせることで，信頼性を高めることが可能です．

コンピュータシステムにおける信頼性は，**信頼性**（Reliability），**可用性**（**Availability**），**保守性**（Serviceability）という三つの指標で表されることが一般的で，これを**RAS**と呼びます．また，これを拡張したものが，6章1節で紹介したRASISです．

〔1〕MTBF

信頼性の指標として用いられているのが**平均故障間隔**（**MTBF**：Mean Time Between Failure）です．これは，故障，つまりシステムの停止状態から次の停止状態まで連続して動作をしていた時間の平均値のことです．

ある期間において総動作時間をt，期間中に停止をした回数をnとすると

$$\mathrm{MTBF} = \frac{t}{n} \tag{7・1}$$

という式で表すことができます．

〔2〕MTTR

保守性の指標として用いられているのが**平均修理時間**（**MTTR**：Mean Time To Repair）です．これは，システムが故障してから，動作を始めるまでに停止していた時間の平均値のことです．

例題❼-① RASの指標

次のシステムのMTBF，MTTR，稼働率を求めなさい．

ある情報システムは導入後1万時間が経過した時点で，故障による停止が5回発生し，動作を再開するまでの停止時間は合計50時間だった．

解答

・MTBF

MTBFは動作をしていた時間の合計（総動作時間）を故障の回数で割ったものなので

$$(10\,000 - 50) \div 5 = 9\,950 \div 5 = 1990\,\mathrm{h}$$

・MTTR

MTTRは停止していた時間の合計（総停止時間）を故障の回数で割ったものなので

$$50 \div 5 = 10\mathrm{h}$$

・稼働率

稼働率は動作時間の合計（総動作時間）を導入後に経過した時間（総動作時間と総停止時間の和）で割ったものなので

$$9\,950 \div 10\,000 = 0.995\ (99.5\%)$$

□

コラム　ブロックチェーンと暗号資産（仮想通貨）

P2Pにおける情報の分散管理のしくみを応用して，暗号資産などの高度に信頼性が求められる情報を管理する技術を，**ブロックチェーン**と呼びます．

P2Pネットワーク上で複製，分散された情報は，そのすべてを削除したり，偽造したりすることがきわめて困難なため，その情報自体の正当性を保証することが可能となります．

分散された情報を保有している各ピアの信頼性を保証できなくても，相互に矛盾がないかを調べ合うようなしくみさえあれば，その情報自体は保証できるという非常に興味深いしくみです．

ある期間において総停止時間を τ，期間中に停止をした回数を n とすると

$$\mathrm{MTTR} = \frac{\tau}{n} \tag{7・2}$$

という式で表すことができます．

〔3〕稼働率

可用性の指標として用いられているのが**稼働率**（Availability）です．これは，システムがどの程度動作しているのかを示す割合のことです．

ある期間において総動作時間を t，総停止時間を τ とすると

$$稼働率 = \frac{t}{t + \tau} \tag{7・3}$$

という式で表すことができます．

また稼働率は MTBF，MTTR を用いて

$$稼働率 = \frac{\mathrm{MTBF}}{\mathrm{MTBF} + \mathrm{MTTR}} \tag{7・3′}$$

という式で表すこともできます．

〔4〕複合システム

ここで，複数のコンピュータからなる複合システムについて考えます．任意の複合システムは直列型と並列型の2種類の接続形態の組合せで構成可能です．また通常，直列型はそれぞれが異なる種類の処理を行う場合に用いられ，並列型は同一種類の処理を行う場合に用いられます．

図 7・20（a）のように，直列型の場合はいずれかのコンピュータが停止してしまうと，システム全体が停止してしまいます．しかし，それぞれが異なる種類の処理を行うので，システム全体の処理内容のうち，1台ずつのコンピュータが受け持つ処理は一部分だけとなります．

直列型の稼働率は，それぞれの稼働率の積を取ったものとなります．これを n 台の直列に一般化すると

$$直列型：\prod_{i}^{n}（コンピュータ\ i\ の稼働率） \tag{7・4}$$

となります．ただし，Π はすべての積をとる総乗演算です．

一方，図 7・20（b）のように，並列型の場合はすべてのコンピュータが停止しない限り，システム全体が停止することはありません．しかし，それぞれが同一

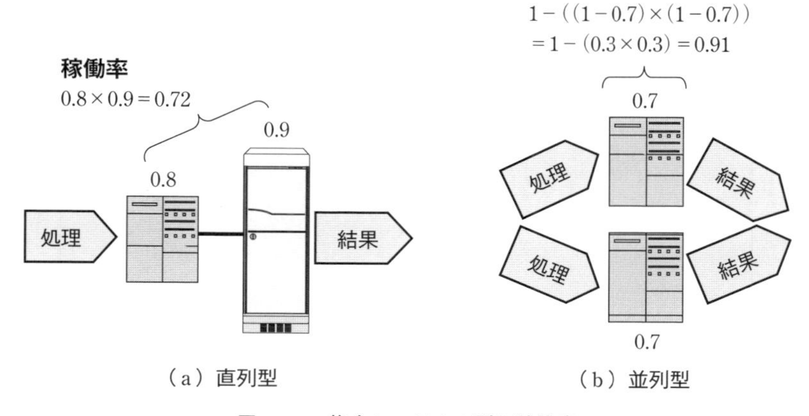

図 7・20　複合システムの型と稼働率

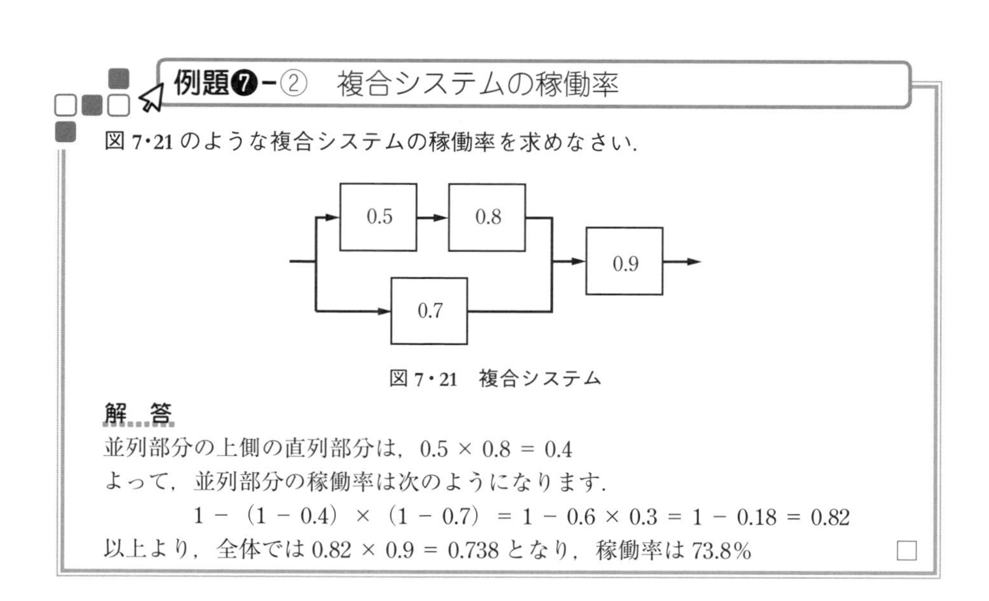

例題❼－②　複合システムの稼働率

図 7・21 のような複合システムの稼働率を求めなさい．

図 7・21　複合システム

解　答

並列部分の上側の直列部分は，$0.5 \times 0.8 = 0.4$

よって，並列部分の稼働率は次のようになります．

$$1 - (1 - 0.4) \times (1 - 0.7) = 1 - 0.6 \times 0.3 = 1 - 0.18 = 0.82$$

以上より，全体では $0.82 \times 0.9 = 0.738$ となり，稼働率は 73.8%　□

種類の処理を行うので，システム全体の処理内容と1台ずつのコンピュータが受け持つ処理内容は同じです．

並列型の稼働率は，すべてが停止しないとシステム全体も停止しないことから，稼働率を1から減じた値，つまり稼働しない割合を表す値を用い，その積をとった結果，つまり全体の稼働しない割合を求めてから，さらにその値を1から減じて全体の稼働率を求めます．これらを n 台の並列に一般化すると

$$\text{並列型：} 1-\prod_{i}^{n} \left(1-\text{コンピュータ}\ i\ \text{の稼働率}\right) \qquad (7\cdot5)$$

となります．

システムの多重化

前述したとおり，信頼性の低いコンピュータでも，並列型の複合システムにすることで全体の信頼性を高めることができます．これをシステムの**多重化**（Multiplexing）もしくは**冗長化**（Redundancy）と呼びます．

2台構成の多重化には，2台とも同時に同じ処理をする**デュアル（Dual）システム**と，処理を行っている一方（**本番系**）が故障した場合に，待機していたもう一方（**待機系**）が処理を引き継ぐ**デュプレックス（Duplex）システム**があります．

デュアルシステムの場合，図7･22（a）のように，2台が同じ動作を行い，結果を比較することで，処理が正しいことが確認できるようになっています．

一方，デュプレックスシステムの場合，図7･22（b）のように，待機系が起動状態で待機し，本番系が故障した場合に即座に処理を引き継ぐ**ホットスタンバイ**（Hot Standby）と，待機系が停止状態で待機し，本番系が故障した時点で起動して処理を引き継ぐ**コールドスタンバイ**（Cold Standby）があります．

さらに多重化には，図7･23のように処理を複数台に分散させることで，大量の処理要求に対応できるようにする**負荷分散**（Load Balancing）があります．負荷分散は，大量の処理要求が集中するWWWの検索サービスなどで用いられており，大手の検索サイトでは，数十万台ものコンピュータを用いて負荷分散を行っているといわれています．

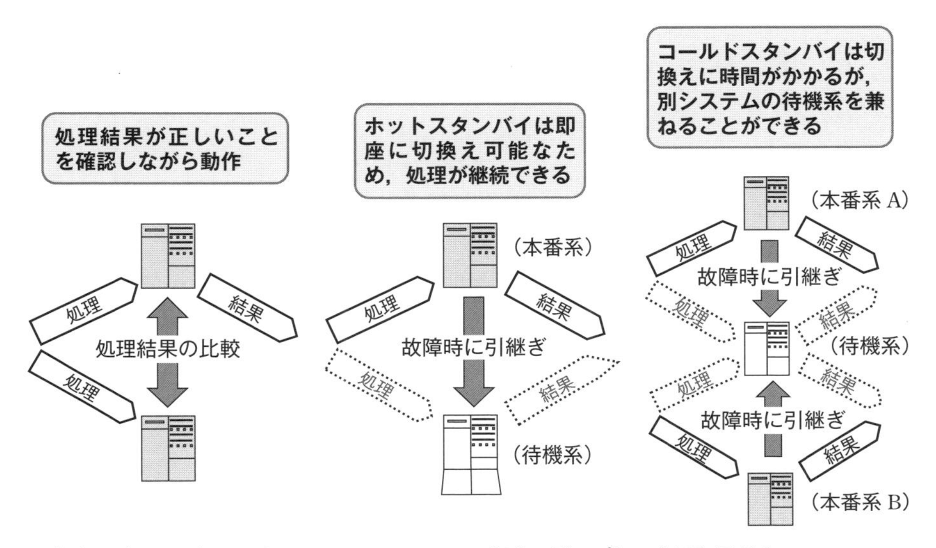

図 7・22 多重化方式

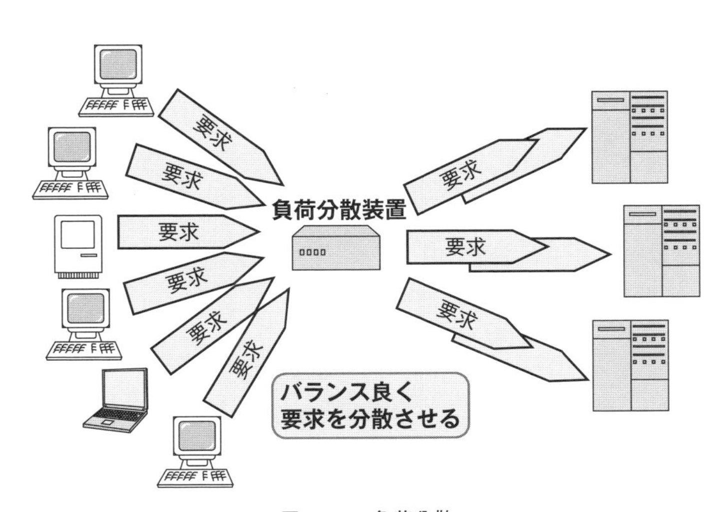

図 7・23 負荷分散

練習問題

【1】　通信プロトコルを階層的に規定するメリットを答えなさい．

【2】　日本語の文字コードには，JISやEUCなどがありますが，これは一種のプロトコルです．では，文字コードはOSI参照モデルの階層のうち，どの層に相当するか，答えなさい．

【3】　無線ネットワークのプロトコルについて，IEEE802.15.1という規格の通称を調べて答えなさい．

【4】　IPv4のアドレスには，クラスというグループ分けの方法があります．このうちクラスBは，上位16ビット分が同一となるグループ分けです．クラスBの一つのグループに含まれるIPアドレスの数はいくつか，答えなさい．

【5】　SSHというプロトコルは，どのようなものか，調べて答えなさい．

【6】　以下の複合システムの稼働率を求めなさい．ただし，図7･24中の各数値が稼働率を表しており，Aについては，以下に示す稼働状況であったものとします．

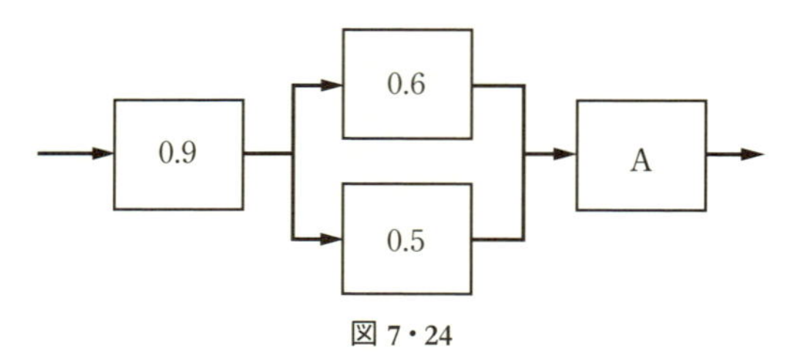

図7・24

- Aの稼働状況は，稼働開始から10 000時間が経過した時点までに，故障による停止が1 000時間ありました．

8章 セキュリティ

➡コンピュータネットワークでは，個々のコンピュータが正常に動作することが求められるため，機能を正常に保つためのセキュリティ技術が必要となります．

➡この章では，ユーザ認証や暗号化などのセキュリティ技術について学習します．

1 セキュリティ技術

インターネットに代表されるコンピュータネットワークが普及するに従い，ネットワークを介したコンピュータへの不正アクセスやコンピュータウイルスなどの脅威が広まっていきました．このような脅威へ対応するための技術を一般に**セキュリティ技術**と呼びます．

ここでは，さまざまなセキュリティ技術について紹介します．

ユーザ認証

システムの部外者に利用させないようにしたり，利用者を特定するために用いられるのがユーザ認証です．ユーザ認証方式にはさまざまなものがあります．

最も一般的な方式が**パスワード認証**です．利用者だけが知っているキーワードやフレーズを用いて認証を行います．ただし，文字数が短かったり，辞書に載っているような単語を使用したりすると，解かれてしまう恐れがあります．

同様に文字を使用する認証方式に**本人情報認証**があります．例えば親の旧姓や出身中学校の名前など，利用者だけが知っているような情報を用いる方式で，パスワードを忘れた場合の再発行手続きなどで用いられています．ただし，利用者の身近な人なら，わかってしまう恐れが少なくありません．

IC カードのような偽造が困難な機器を用いるのが，**トークン認証**です．ただし，その機器があれば他人でも認証可能なため，紛失や盗難に注意が必要です．

他人に使用することができない指紋や瞳の虹彩などの身体的な特徴を用いるのが**生体情報（バイオメトリクス）認証**です．現在，最も強力な認証方法として，銀行のATMなどでも採用されていますが，けがなどによって身体的特徴が変わってしまうと，本人でも認証されないという恐れもあります（図8･1）.

ウイルス・侵入対策

コンピュータに被害を与えるウイルスプログラムや不正アクセスなどを防ぐためには，さまざまな対策が必要となります.

〔1〕ウイルス対策プログラム

ウイルスの脅威からコンピュータを守るためのプログラムを**ウイルス対策プログラム**または**ワクチンプログラム**と呼びます．**パターンファイル**と呼ばれる，ウイルスの特徴を記録したファイルを用いてソフトウェアを検査することで，ウイルスを発見し除去します．また，プログラムの動作パターンから未知のウイルスにも対応できるようなものも増えています.

〔2〕ファイアウォール

不正アクセスの脅威からコンピュータを守るために用いられるのが，**ファイアウォール**です．ファイアウォールは，本来行われることのないような通信を遮断する機能をもっています.

現在のコンピュータはネットワークに接続されることが基本となっているため，通信を受け付けて処理を行うプログラムが多数動作していますが，それらの中には，コンピュータの誤動作やデータ流出を起こしてしまうようなぜい弱性をもったものも多数存在しています．これらのぜい弱性を悪用されないようにするために，ファイアウォールを用いて通信を遮断します.

ファイアウォールでは，図8･2のように，IPアドレスとポート番号を用いて通信の可否を指定するルールを設定することで，通信の遮断を実現しています．ただし，通信の内容までを確認するものではないため，例えばWebページの閲覧要求の中に，WWWサーバのぜい弱性を利用して誤動作を起こさせるようなものが含まれていても，その通信を遮断することはできません.

アクセス制御

コンピュータの扱うデータは，簡単に複製をつくることができます．また通信データは，途中にある通信機器を使えば簡単に内容を知ることができます．このように，コンピュータの扱うデータには，常に流出の恐れが存在しています．そこで

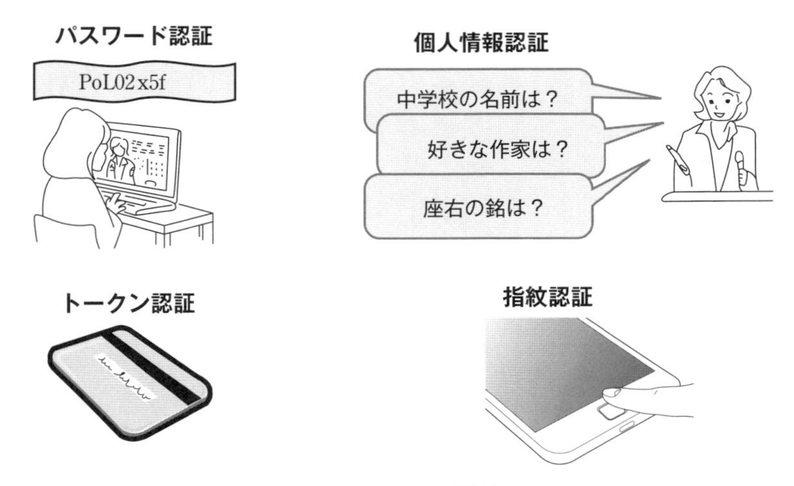

図 8・1　ユーザ認証

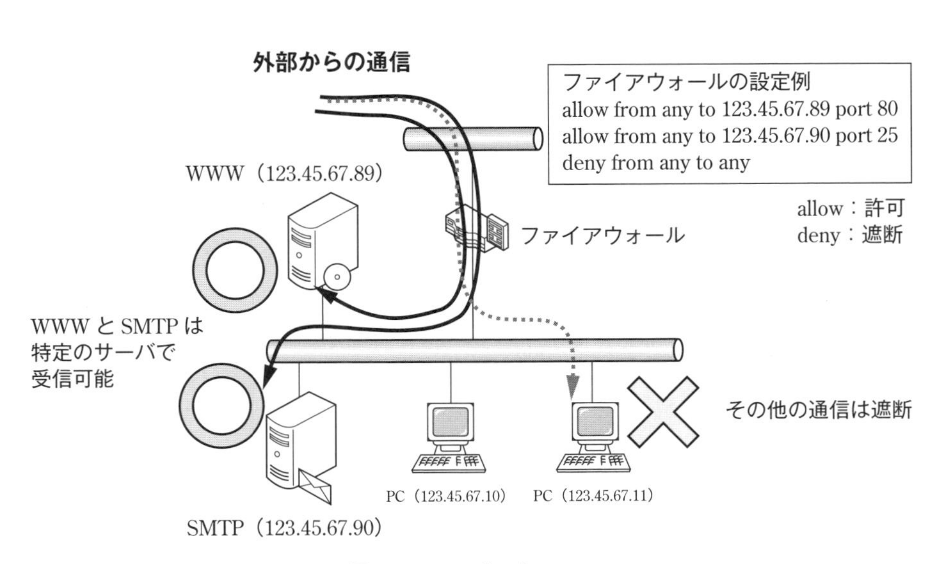

図 8・2　ファイアウォール

流出からデータを守るために，アクセス制御や暗号化技術が用いられています．

アクセス制御では，ユーザ認証によって特定された利用者ごとに，データへのアクセス権限を設定することで，本来は内容を知る権限のない利用者にデータを見せないようにします．このようなアクセス制御を**任意アクセス制御**（**DAC**：Discretionary Access Control）と呼びます（図**8･3**（a））．また，一つのデータが複数の利用者によって同時に変更されてしまうと，内容に矛盾が生じてしまう恐れがあるため，変更を1利用者のみに認め，ほかの利用者による変更を禁止する必要があります．このようなアクセス制御を**強制アクセス制御**（**MAC**：Mandatory Access Control）と呼びます（図8･3（b））．

災害時対策

コンピュータは電子機器ですので，一瞬でも停電が発生すれば，処理中のデータやアクセス中の記憶装置上のデータが損失されてしまう恐れがあります．そのため，落雷による停電や火事や地震などの災害による障害への対応もセキュリティ技術にとって重要な問題です．

重要な処理を行うコンピュータシステムには，自家発電装置などが用意されていますが，これらの装置は通常，コールドスタンバイ状態です．そのため，瞬間的な停電（**瞬断**）を避けることは困難です．そこで，内部にバッテリを備えた**無停電電源**（**UPS**：Uninterruptible Power Supply）装置が広く使われています．UPSは，いったんバッテリに蓄えてから給電するため，瞬断が発生することはありません．電力が回復しない場合は，自動的にシステムを停止させるような機能を備えているので，データを退避してから安全に停止させることが可能です．

また，7章4節で説明したとおり，システムの多重化も災害時対策となります．ハードディスクにデータを保存する際，複数のディスクに冗長的に保存しておくことで，ディスク故障が発生してもデータを復旧できます．

RAID（Redundant Array of Inexpensive Disks）や，最近では，システムを仮想化しておき，災害の被害を受けていない遠方のコンピュータに移動して，システムの動作を速やかに復旧させる技術も登場しています．

このような災害からの復旧やシステムの保護対策などを総称して**ディザスタリカバリ**（Disaster Recovery）と呼びます（図**8･4**）．

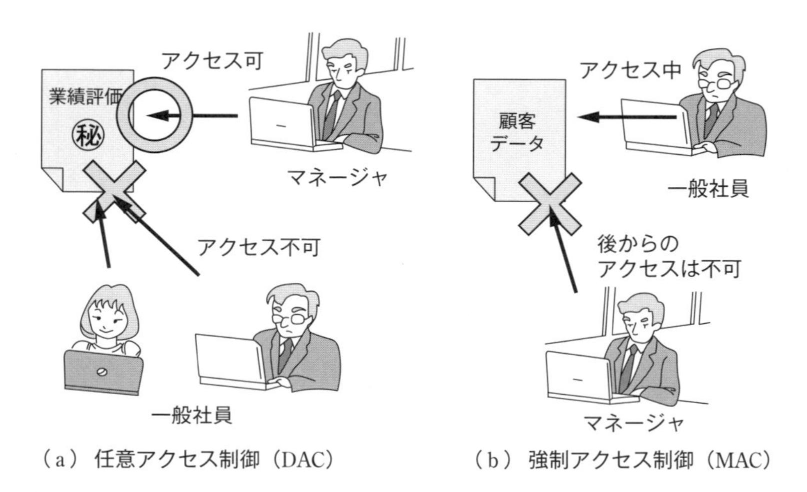

図 8・3　アクセス制御

図 8・4　ディザスタリカバリ

2 暗号化技術

アクセス制御を行っても，データがそのまま通信されてしまえば，第三者に内容を知られてしまう危険性が生じます．そのようなときに用いられるのが暗号化技術です．ここでは，暗号化の手法や種類について紹介します．

暗号化の手法

かつての暗号化は，その手法自体を秘密にすることで，安全性を保障していましたが，現在の暗号化技術は手法自体は公開をしており，その情報を知っていないと**暗号化**（Encryption）も，暗号化した結果を元に戻す**復号**（Decryption）も行えないような，**鍵**（Key）と呼ばれる情報をデータ通信の関係者だけで共有することで，データの内容を第三者から守るようになっています．

暗号化の手法には，暗号化も復号も同じ鍵で行う**共通鍵暗号方式**と暗号化と，復号を異なる鍵で行う**公開鍵暗号方式**があります．

〔1〕共通鍵暗号

共通鍵暗号方式は，図8･5のように，送信者が平文（Plain Text）と呼ばれる暗号化前のデータを暗号文（Cipher Text）と呼ばれる暗号化後のデータに暗号化するための鍵と，暗号文を平文に復号するための鍵に共通のものを用います．この方式は対称鍵暗号方式とも呼ばれ，基本論理演算のXORなどの単純な演算で実現することで，高速に暗号化や復号が可能という利点がありますが，通信相手に安全に鍵を届ける**鍵交換**（Key Exchange）を別途行う必要があるという欠点があります．

共通鍵暗号方式としては，米国で標準の暗号化方式として採用されていた**DES**（Data Encryption Standard）が広く普及していましたが，解読手法が発見されたため，DESの暗号化を三重に行う**3DES**（Triple DES）なども使われていました．現在はDESの後継として米国の標準暗号化方式として採用された**AES**（Advanced Encryption Standard）が主流となっています．

また，無線は簡単に傍受されてしまうため，無線LANでも共通鍵暗号方式で通信の暗号化ができるようになっています．暗号化の規格には**WEP**（Wired Equivalent Privacy），**WPA**（Wi-Fi Protected Access），**WPA2**がありますが，こ

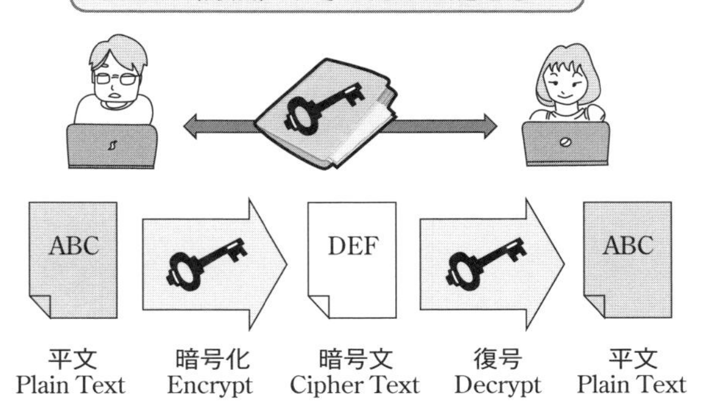

図 8・5　共通鍵暗号方式

コラム　量子暗号

量子コンピュータが実用化されると，現在使用されている暗号化方式はすべて解読可能になるといわれています．

そこで，量子力学の原理を応用した量子暗号方式が研究されています．この量子暗号方式の特徴は，暗号文を解読する計算が複雑なのではなく，量子力学的性質を応用した**量子暗号**（Quantum Cryptograph）の暗号文を受信，解読した時点でその情報が壊れるようになっていることです．そのため，解読できる鍵をもった状態で暗号文を受信しない限り，盗聴も復号することもできません．

れらはすでに解読手法や弱点が見つかっているため，新たに**WPA3**が規格化されています．

〔2〕**公開鍵暗号**

一方，公開鍵暗号方式は図8･6のように，送信者が平文を暗号文に暗号化するための鍵（公開鍵）と，暗号文を平文に復号するための鍵（秘密鍵または非公開鍵）が異なり，非対称暗号方式とも呼ばれます．

公開鍵暗号方式では，データの受信者が自分の公開鍵を送信者に提供します．送信者が公開鍵で暗号化した暗号文は，秘密鍵をもっている受信者以外は復号できません．このとき，送信者に渡す公開鍵は，第三者に知られても構わないので，鍵交換の問題は公開鍵方式では発生しません．ただし，公開鍵方式では，暗号化と復号を行う際に，複雑な計算が必要となるため，大量のデータを通信するような場合には不向きという欠点があります．

公開鍵暗号方式では，第三者が通信相手に成りすまして送ってきた公開鍵を使って通信をしてしまうと，第三者にデータを盗られてしまう危険性があります．そこで，公開鍵が本当に本人のものなのかを証明する**公開鍵暗号基盤**（**PKI**：Public Key Infrastructure）という仕組みが必要となります．

図8･7のように，PKIは，**認証局**（**CA**：Certification Authority）という機関によって，その公開鍵が本人のものであることを証明するための仕組みです．CAは公開鍵の登録希望を受けると，登録者の身元を確認したうえで，その公開鍵は登録者のものであるという証明書を発行します．そのため，データの送信者はその証明書を用いることで，通信相手が本人であることを確認できます．また，送信者以外は知らない秘密鍵で作成した暗号文は，送信者の公開鍵でのみ元に戻すことができるので，その暗号文の作者が送信者本人であることを証明する**電子署名**（Electronic Signature）としても使用できます．

RSA暗号

公開鍵暗号方式としては，WWWでの暗号化通信で普及している**SSL**（Secure Sockets Layer）とその後継である**TLS**（Transport Layer Security）で採用されている**RSA**が有名です．RSAは素因数分解の困難さに基づく方式で，共通鍵暗号方式の鍵を送受信者で共有する（鍵交換する）ために公開鍵暗号方式を用います．また，「楕円曲線上の離散対数問題」と呼ばれる問題を解く困難さに基づく

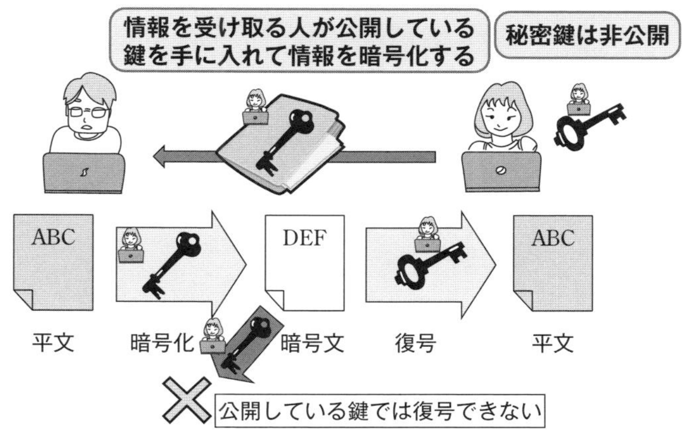

図 8・6　公開鍵暗号方式

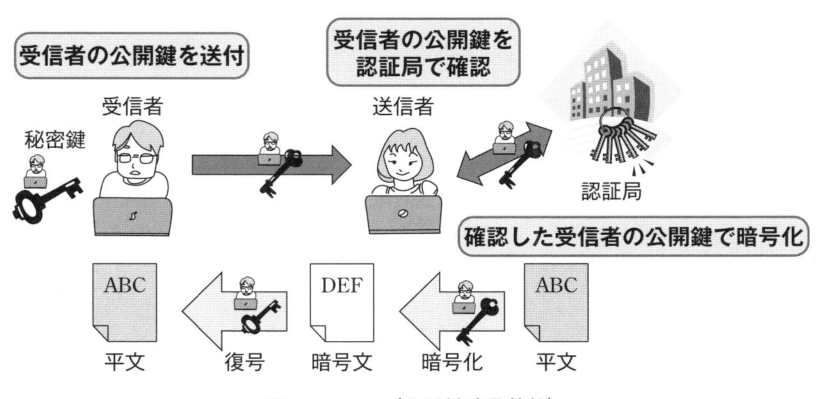

図 8・7　PKI（公開鍵暗号基盤）

楕円曲線暗号は，RSAより高速に処理することが可能な方式として注目されています．

以下に，RSAの計算方法を示します．

〔1〕鍵の生成

公開鍵 $\{N,E\}$ と秘密鍵 $\{N,D\}$ は，それぞれ二つの値のペアとなっており，以下の鍵作成の公式を用いて生成します．

$$N=P\times Q \tag{8·1}$$

$$\phi(N)=(P-1)(Q-1) \tag{8·2}$$

$$E\times D \bmod \phi(N)=1 \tag{8·3}$$

ただし，E は ϕ（N）より小さく，互いに素になる数とします．

ここに，N：公開鍵と秘密鍵の値（片側），E：公開鍵の値（片側）

D：秘密鍵の値（片側），P：1 024 bit 内の素数

Q：1 024 bit 内のPと異なる素数

ϕ（N）：$P-1$ と $Q-1$ の最小公倍数

〔2〕暗号化と復号の計算

平文を M，暗号文を C とするとき，暗号化と復号は以下のように計算することができます．

・暗号化の公式

$$C=M^E \bmod N \tag{8·4}$$

・復号の公式

$$M=C^D \bmod N \tag{8·5}$$

ここで，mod は余りを計算する演算子です．

例題❽-① 簡単な鍵生成の例

$P=3$，$Q=5$として，公開鍵，秘密鍵を生成しなさい．

解答

式（8·1）（p.186参照）より$N=P\times Q=3\times 5=15$

よって，式（8·2）（p.186参照）より

$$\phi(N)=(P-1)(Q-1)=2\times 4=8$$

ここで，$n=4$とすると，式（8·3）の右辺は

$$n\times\phi(N)+1=4\times 8+1=33$$

なので，式（8·3）（p.186参照）を満たすように$E\times D=33$となるE，Dを$E=3$，$D=11$とします．よって，公開鍵は{15,3}，秘密鍵は{15,11}となります．　□

例題❽-② 暗号化の例①

平文の値を2とするとき，例題❽-①の公開鍵を用いて暗号文Cを求め，秘密鍵を用いて復号を行いなさい．

解答

$M=2$，$E=3$とすると，式（8·4）より，

$$C=M^E \bmod N=2^3 \bmod 15=8$$

よって，C = 8となります．一方，復号は式（8·5）より，

$$M=C^D \bmod N=8^{11} \bmod 15=2$$

よって，$M=2$が得られ，もとの平文と同じであることが確かめられます．　□

練習問題

【1】 JIS規格では，情報セキュリティという語を「情報の機密性，完全性及び可用性を維持すること」と定義している．「機密性」「完全性」「可用性」とは，それぞれどのようなものか答えなさい．

【2】 データの送・受信者が公開鍵暗号方式の公開鍵と秘密鍵をそれぞれもっているとき，SSLにおいて，送信者が共通鍵暗号方式の鍵を暗号化して，安全に受信者に送るために用いるのは，どちらのどの鍵か答えなさい．

【3】 平文の値を13とするとき，例題❽-①で求めた公開鍵，秘密鍵を用いて暗号文Cを求め，その復号を行いなさい．

練習問題 解説・解答

1章　コンピュータシステム

【1】　チューリングマシン（計算処理の数学的なモデルに基づく仮想機械）

【2】

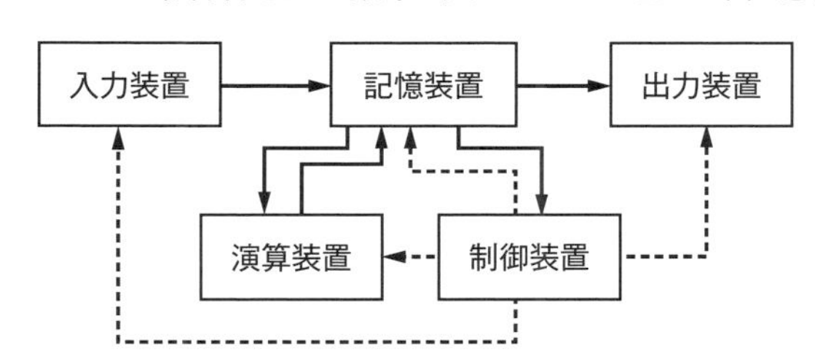

【3】　Operating System（Operation System ではありません）

【4】　クラスタコンピューティング

【5】　石板のような形状で，タッチパネル式のディスプレイを使って操作します．

2章　情報の表現

【1】　(1) 19　　(2) 72　　(3) 150

【2】　(1) $(00011001)_2 = (19)_{16}$　　(2) $(10100010)_2 = (A2)_{16}$

(3) $(11100111)_2 = (E7)_{16}$

【3】　$b_0 = a_2 \times 2^2 + a_1 \times 2 + a_0$,　$b_1 = a_5 \times 2^2 + a_4 \times 2 + a_3$

【4】　(1) 絶対値表現：10000111　　2の補数表現：11111001

(2) 絶対値表現：00011000　　2の補数表現：00011000

(3) 絶対値表現：11011000　　2の補数表現：10101000

【5】　(1) $(24)_{16} = (00100100)_2$

(2) $(57)_{16} = (01010111)_2$

(3) $(6A)_{16} = (01101010)_2$

【6】　左から3ビット目が誤り．正しい符号は1100110

3章　論理回路とCPU

【1】 $(x \cdot y) + (x \cdot \overline{y}) + (\overline{x} \cdot \overline{y}) = (x \cdot y) + \overline{y} \cdot (x + \overline{x}) = (x \cdot y) + \overline{y}$

$= (x + \overline{y}) \cdot (y + \overline{y}) = x + \overline{y}$

【2】

x	y	$x \cdot y$	$\overline{x}$	$z = x \cdot y + \overline{x}$
0	0	0	1	1
0	1	0	1	1
1	0	0	0	0
1	1	1	0	1

【3】

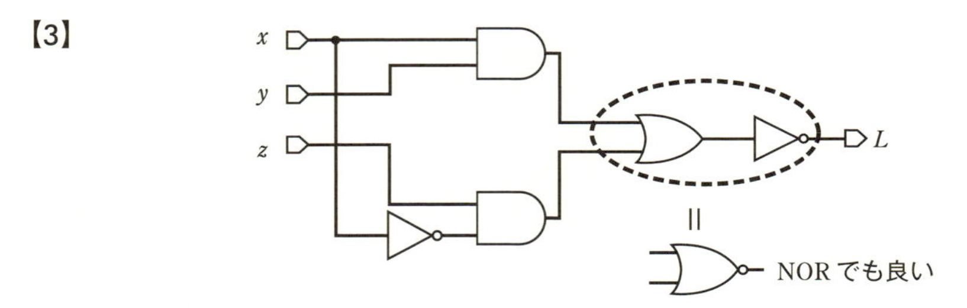

【4】 CPUはレジスタ，命令解析器，演算回路，プログラムカウンタなどで構成されます．レジスタにはフリップフロップ回路が主に使われます．命令解析器にはデコーダ回路が使われます．演算回路は半加算器回路，全加算器回路で構成されます．プログラムカウンタはカウンタ回路が使われます．

【5】 ・命令読込み

・命令デコード（命令解析）

・命令実行

【6】 1 MHzは1 000 000 Hzなので，1秒間のクロックは1 000 000クロックとなります．1命令サイクルは平均10クロックなので，1 000 000÷10＝100 000回（10万回）の命令が実行できます．

【7】 CPU内での命令を複数の処理の単位に分け，それぞれを独立して動作させることにより，複数の処理を同時に動かすことが可能となり，結果として全体の効率を高める方法がパイプライン処理です．

4章　記憶装置と周辺機器

【1】 (1) コンピュータの5大装置の一つで，データやプログラムを一時的に保持しておく装置または媒体を指します．記憶装置には，主に半導体素子で構成され短期的な情報の保持をする主記憶装置と，情報を長期的に保持する補助記憶装置があります．

(2) コンピュータで使われる複数の装置を接続するための規格などを指します．

(3) バスは複数の装置やデバイスを接続するための通信路であり，内部バスはCPU内部やコンピュータシステム内部のデータ，アドレス，制御などの信号の通信路を指します．

(4) 仮想記憶は主記憶装置よりも大きな記憶容量を提供し，主記憶装置に保持しきれない情報を一時的に外部の補助記憶装置に置くことで，より大きな情報を扱うことができます．

(5) 高速で動く記憶装置の一種で，速度の違う記憶素子の間に入れることで両者の速度の違いを吸収します．

【2】 (1) レジスタ

(2) キャッシュメモリ

(3) 磁気ディスク装置（HDD）

(4) 内部記憶

(5) 外部記憶

【3】 ROMは読出し専用の記憶素子であり，電源を切っても内部の情報は消えません．よって，主にプログラムが記憶されています．RAMは任意の場所に読み書きが可能な記憶素子であり，電源を切ると内部の情報は消えます．よって，主にレジスタや主記憶装置に使われます．

【4】 データバスは16ビットなので，メモリの1アドレス当たりのデータサイズは2バイトとなります．バス幅が10ビットなので，アドレスは2^{10}通り，つまり，1024通りとなります．よって，メモリの容量は2 Byte×1024=2048 Byte=2 kByteとなります．

【5】 (1) 画像出力用インタフェースの一つ．主に液晶ディスプレイ用．

(2) コンピュータに周辺機器を接続するためのシリアル規格のインタフェース．最大で127台までの機器を接続できます．

(3) コンピュータ用補助記憶装置のシリアル規格のインタフェースの一つ．3 Gbit/s 以上の速度が出ます．

(4) コンピュータ用外部バス規格の一つ．シリアル信号でやり取りをするため，非常に高速にデータのやり取りができます．

【6】 回転速度が6 000 回転/分（min^{-1}）なので，1秒間当たりの回転数は

$$6\,000\,\mathrm{min}^{-1} \div 60 = 100\,\mathrm{s}^{-1}$$

よって，1回転に要する時間は

$$1 \div 100\,\mathrm{s}^{-1} = 0.01\,\mathrm{s} = 10\,\mathrm{ms}$$

平均回転待ち時間はその半分なので，5 ms となります．

平均待ち時間は，平均回転待ち時間＋平均シーク時間なので

$$5\,\mathrm{ms} + 3\,\mathrm{ms} = 8\,\mathrm{ms}$$

平均アクセス時間は平均待ち時間＋データ転送時間なので

$$8\,\mathrm{ms} + 2\,\mathrm{ms} = 10\,\mathrm{ms}$$

5章 プログラムとアルゴリズム

【1】 (1) バイナリプログラムをアセンブリ言語に変換するためのプログラム

(2) CPU で実行可能なバイナリ表現のプログラム

(3) プログラミング言語をバイナリプログラムに翻訳すること

【2】 解読器（デコーダ）により，機械語の命令に対応する制御信号を発生させることで，処理が行われます．

【3】 Perl，Ruby，PHP など．

【4】 プログラミング言語の文法上正しければ，コンパイルは成功しますが，処理内容が正しいとは限りません．

【5】 円を描画するには，中心座標と半径が必要となるので，中心の X，Y 座標を表す数値と半径を表す数値でモデリングします．

【6】 下図　　　【7】 下図

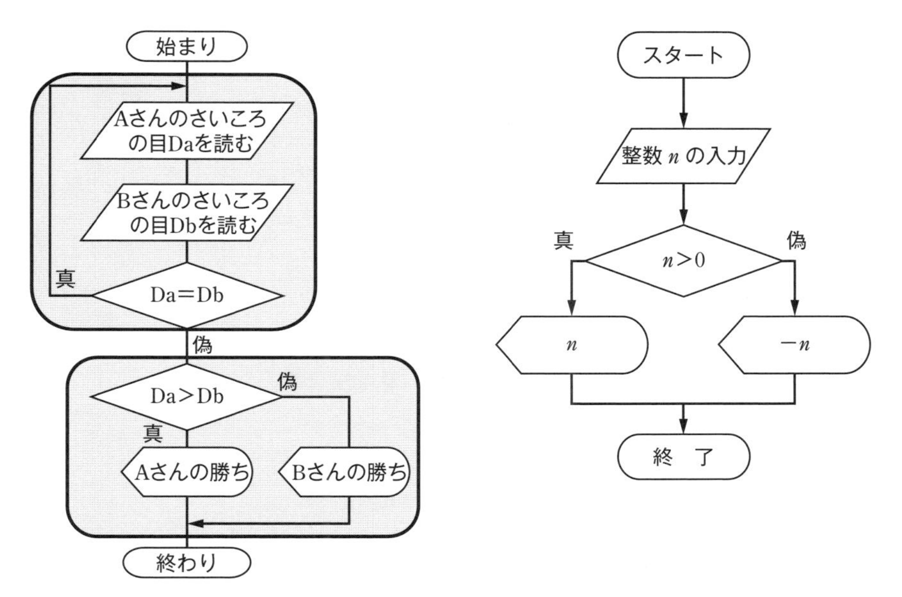

6章　OSとアプリケーション

【1】 同時に複数のユーザが使用するには，同時に複数のタスクが動作する必要があるため，マルチタスク

【2】 del コマンド　　（del ファイル名）

【3】 ジョブ管理，タスク管理，データ管理

【4】 表より一番初めに終わるタスクはC

タスクの実行順と優先度の変化

A	2；8	2；8	2；8	2；8	2；8	2；8	2；8	1；4	1；4	1；4
B	4；24	4；24	4；24	3；12	3；12	2；6	2；6	2；6	1；3	1；3
C	5；80	4；40	3；20	3；20	2；10	2；10	1；5	1；5	1；5	0；2.5

【5】 512 Byte＝0.5 kByte より，3.2 kByte÷0.5 kByte＝6.4．よって，一つのファイルを保存するのに必要なブロック数は7．また，1 kByte は2ブロック．

35 MByte の補助記憶装置のブロック数は，35 MByte＝35×2^{10} kByte より

$35\times 2^{10}\times 2$ ブロック．よって，$35\times 2\times 2^{10}\div 7=5\times 2^{11}$ 個

【6】 動作を完全に再現するのではなく，表面上，同一の動作をしているように振る舞うものをシミュレーションと呼びます．

▶7章　ネットワーク

【1】　階層ごとに独立な通信プロトコルを定義すると，一部の階層のプロトコルを変更するだけで，さまざまな通信方式に対応させることが可能な点.

【2】　プレゼンテーション層（第6層）

【3】　Bluetooth

【4】　クラスBでは，32ビットで表現されるIPアドレスの上位16ビットが同一であることより，下位16ビット分の組合せ数に相当する数のIPアドレスが含まれます．よって，アドレス数は $2^{16} = 65\,536$

【5】　SSHはSecure Shellの略．Shellとは，コマンド方式のコンピュータ操作環境のことで，SSHは暗号化された通信を用いて，遠隔コンピュータの操作を行うShellを実現するためのプロトコル.

【6】　A の稼働率：$(10\,000 - 1\,000) \div 10\,000 = 0.9$

　並列部分：$1 - (1 - 0.6) \times (1 - 0.5) = 1 - 0.4 \times 0.5 = 0.8$

　直列部分：$0.9 \times 0.8 \times 0.9 = 0.648$

よって，求める稼働率は64.8%

▶8章　セキュリティ

【1】（例）

機密性：許可されていない第三者に情報を使用させたり，開示したりしないこと.

完全性：情報が正確で完全であること.

可用性：許可されている場合にはアクセスしたり，使用したりできること.

【2】　受信者の公開鍵

【3】　$M = 13$，$E = 3$ とすると，式（8･4）より，

$$13^3 \bmod 15 = 7$$

よって，$C = 7$ となります．一方，復号は式（8･5）より，

$$M = 7^{11} \bmod 15 = 13$$

これより，$M = 13$（平文と同じ）が得られます.

索　引

◇◆サ　行◆◇

◇◆タ　行◆◇

◇◆マ　行◆◇

◇◆ヤ　行◆◇

◇◆ラ　行◆◇

◇◆ワ　行◆◇

◇◆英数字◆◇

〈著者略歴〉

安井浩之（やすい　ひろゆき）

1996年　明治大学大学院理工学研究科博士後期課程修了
博士（理学）
現　在　東京都市大学共通教育部自然科学系講師
（執筆：1章，5章～8章）

辻　裕之（つじ　ひろゆき）

2006年　東京工業大学大学院情報理工学研究科博士後期課程修了
博士（工学）
現　在　神奈川工科大学情報学部情報工学科教授
（執筆：1章，2章）

木村誠聡（きむら　ともあき）

1985年　日本大学工学部電気工学科卒業
日本アイ・ビー・エム株式会社入社
2001年　博士（工学）
現　在　神奈川工科大学情報学部情報工学科教授
（執筆：1章，3章，4章）

基本を学ぶ
コンピュータ概論（改訂２版）

2011年 10月 25日　第1版第1刷発行
2019年 11月 1日　改訂2版第1刷発行
2024年 4月 10日　改訂2版第6刷発行

著　者　安井浩之
　　　　木村誠聡
　　　　辻　裕之
発行者　村上和夫
発行所　株式会社 オーム社
郵便番号　101-8460
東京都千代田区神田錦町 3-1
電話　03(3233)0641(代表)
URL　https://www.ohmsha.co.jp/

印刷・製本　壮光舎印刷
ISBN978-4-274-22468-3　Printed in Japan